KB172615

과학공화국 지구법정

2 천문

과학공화국 지구법정 2

천문

초판 1쇄 발행일 | 2006년 12월 15일
초판 17쇄 발행일 | 2022년 10월 17일

지은이 | 정완상
펴낸이 | 정은영
펴낸곳 | (주)자음과모음

출판등록 | 2001년 11월 28일 제2001-000259호
주소 | 10881 경기도 파주시 회동길 325-20
전화 | 편집부 (02)324 - 2347, 경영지원부 (02)325 - 6047
팩스 | 편집부 (02)324 - 2348, 경영지원부 (02)2648 - 1311
e-mail | jamoteen@jamobook.com

ISBN 978 - 544 - 1369 - 5 (04450)

과학공화국 지구법정

정완상(국립 경상대학교 교수) 지음

(주)자음과모음

| 이 책을 읽기 전에 |

생활 속에서 배우는
기상천외한 과학 수업

지구과학과 법정, 이 두 가지는 전혀 어울리지 않은 소재들입니다. 그리고 여러분에게 제일 어렵게 느껴지는 말들이기도 하지요. 그럼에도 불구하고 이 책의 제목에는 분명 '지구법정'이라는 말이 들어 있습니다. 그렇다고 이 책의 내용이 아주 어려울 거라고 생각하지는 마세요.

저는 법률과는 무관한 과학을 공부하는 사람입니다. 하지만 '법정' 이라고 제목을 붙인 데에는 이유가 있습니다.

이 책은 우리의 생활 속에서 일어나는 여러 가지 재미있는 사건을 다루고 있습니다. 그리고 과학적인 원리를 이용해 사건들을 차근차근 해결해 나간답니다. 그런데 크고 작은 사건들의 옳고 그름을 판단하기 위한 무대가 필요했습니다. 바로 그 무대로 법정이 생겨나게 되었답니다.

왜 하필 법정이냐고요? 요즘에는 〈솔로몬의 선택〉을 비롯하여 생활 속에서 일어나는 사건들을 법률을 통해 재미있게 풀어보는 텔레비전 프로그램들이 많습니다. 그리고 그 프로그램들이 재미없다고 느껴지지도 않을 겁니다. 사건에 등장하는 인물들이 우스꽝스럽고, 사건을 해결하는 과정도 흥미진진하기 때문입니다. 〈솔로몬의 선택〉이 법률 상식을 쉽고 재미있게 얘기하듯이, 이 책은 여러분의 지구과학 공부를 쉽고 재미있게 해 줄 것입니다.

여러분은 이 책을 읽고 나서 자신의 달라진 모습에 놀랄 겁니다. 과학에 대한 두려움이 싹 가시고, 새로운 문제에 대해 과학적인 호기심을 보이게 될 테니까요. 물론 여러분의 과학 성적도 쑥쑥 올라가겠죠.

끝으로 과학공화국이라는 타이틀로 여러 권의 책을 쓸 수 있게 배려해 주신 (주)자음과모음의 강병철 사장님과 모든 식구에게 감사를 드리며 힘든 작업을 마다하지 않고 함께 작업을 해 준 이나리, 조민경, 김미영, 윤소영, 정황희, 도시은, 손소희 양에게도 진심으로 감사를 드립니다.

진주에서

정완상

| 차례 |

| 프롤로그 |

지구법정의 탄생

태양계의 세 번째 행성인 지구에 과학공화국이라고 불리는 나라가 있었다. 이 나라에는 과학을 좋아하는 사람들이 모여 살았고, 인근에는 음악을 사랑하는 사람들이 살고 있는 뮤지오 왕국과 미술을 사랑하는 사람들이 사는 아티오 왕국, 공업을 장려하는 공업공화국 등 여러 나라가 있었다.

과학공화국 사람들은 다른 나라 사람들에 비해 과학을 좋아했지만 과학의 범위가 넓어 어떤 사람들은 물리나 수학을 좋아하는 반면 또 어떤 사람들은 지구과학을 좋아했다.

그러나 지구과학의 경우 자신들이 살고 있는 행성인 지구의 신비를 벗기는 분야임에도 불구하고 과학공화국의 명성답지 않게 국민들의 수준이 그리 높지 않았다. 그래서 지리공화국의 아이들과 과학공화국의 아이들이 지구에 관한 시험을 치르면 오히려 지리공화국 아이들의 점수가 더 높을 정도였다.

특히 최근 인터넷이 공화국 전체에 퍼지면서 게임에 중독된 과학공화국 아이들의 과학 실력은 기준 이하로 떨어졌다. 그러다 보니 자연과학 과외나 학원이 성행하게 되었고 그런 와중에 아이들에게 엉터리 과학을 가르치는 무자격 교사들도 우후죽순 나타나기 시작했다.

지구과학에 관한 문제들은 지구의 모든 곳에서 일어날 수 있는데 과학공화국 국민들의 지구과학에 대한 이해가 떨어지면서 곳곳에서 분쟁이 끊이지 않았다. 그리하여 과학공화국의 박과학 대통령은 장관들과 이 문제를 논의하기 위해 회의를 열었다.

"최근의 지구과학 분쟁들을 어떻게 처리하면 좋겠소?"

대통령이 힘없이 말을 꺼냈다.

"헌법에 지구과학 부분을 추가하면 어떨까요?"

법무부 장관이 자신 있게 말했다.

"좀 약하지 않을까?"

대통령이 못마땅한 듯이 대답했다.

"그럼 지구과학으로 판결을 내리는 법정을 만들면 어떨까요?"

지구부 장관이 말했다.

"그래! 바로 그거야. 과학공화국답게 그런 법정이 있어야지. 그래, 지구법정을 만들면 되는 거야. 법정에서의 판례들을 신문에 게

재하면 사람들이 더 이상 다투지 않고 자신의 잘못을 인정할 거야."

대통령은 입을 환하게 벌리고 흡족해했다.

"그럼 국회에서 새로운 지구과학법을 만들어야 하지 않습니까?"

법무부 장관이 약간 불만족스러운 듯한 표정으로 말했다.

"지구과학은 우리가 사는 지구와 태양계의 주변 행성에서 일어나는 자연현상입니다. 따라서 누가 관찰하건 같은 현상에 대해서는 같은 해석이 나오는 것이 지구과학입니다. 그러므로 지구과학 법정에서는 새로운 법을 만들 필요가 없습니다. 혹시 다른 은하에 대한 재판이라면 모를까……."

지구부 장관이 법무부 장관의 말을 반박했다.

"그래, 맞아."

대통령은 지구법정의 탄생을 벌써 확정 짓는 것 같았다. 이렇게 해서 과학공화국에는 지구과학에 근거하여 판결을 하는 지구법정이 만들어지게 되었다.

초대 지구법정의 판사는 지구과학에 대한 책을 많이 쓴 지구짱 박사가 맡게 되었다. 그리고 두 명의 변호사를 선발했는데 한 사람은 지구과학과를 졸업했지만 지구과학에 대해 깊게 알지는 못하는 지치라는 이름의 40대 변호사였고, 다른 변호사는 어릴 때부터 지구과학 경시대회에서 항상 대상을 받았던 지구과학 천재 어쓰였다.

이렇게 해서 과학공화국 사람들 사이에서 벌어지는 많은 지구과학 관련 사건들이 지구법정 판결을 통해 깨끗하게 마무리될 수 있었다.

제1장

무중력 공간에 관한 사건

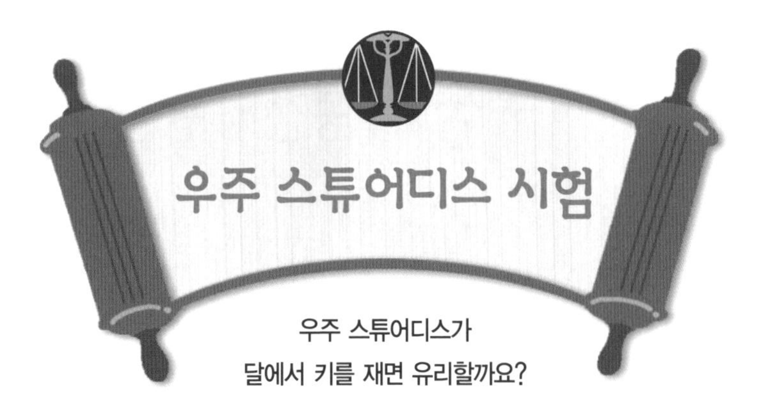

우주 스튜어디스 시험

우주 스튜어디스가
달에서 키를 재면 유리할까요?

사건 속으로

우주 관광객이 늘어나면서 우주 왕복선의 꽃이라 불리는 우주 스튜어디스가 여성들 사이에 인기 있는 직업이 되었다. 우주 스튜어디스는 외모도 출중해야 하고 키에 대한 제약도 있어서 최소한 160센티미터는 되어야 했다.

이미커 양과 모지라 양은 어릴 때부터 우주 스튜어디스가 되는 것이 꿈이었다. 하지만 두 사람 다 스튜어디스가 되기에는 키가 조금 작았다. 이미커 양은 159센티미터였고 모지라 양은 158센티미터였다.

하지만 1~2센티미터쯤이야 실력으로 충분히 극복할 수 있다고 생각한 두 사람은 우주 스튜어디스 모집에 지원했다. 지원자가 너무 많아 신체검사는 두 군데에서 이루어졌다. 한 곳은 지구 과학공화국에 있는 헬쓰 병원이었고 다른 한 곳은 지구와 달 사이에 위치한 노그랩 병원이었다.

이미커 양은 헬쓰 병원에서, 모지라 양은 노그랩 병원에서 신체검사를 받게 되었는데 이미커 양은 키 미달로 탈락하고 모지라 양은 모든 자격 조건을 갖춘 것으로 인정되어 합격했다.

자신보다 1센티미터가 작은 모지라 양이 합격한 것에 화가 난 이미커 양은 모지라 양의 합격 취소를 요청했지만 우주 스튜어디스 회사에서는 이미커 양의 요청을 무시했다. 그리하여 이미커 양은 우주 스튜어디스 주식회사를 지구법정에 고소했다.

무중력 공간에서는 중력이 없으므로 관절 사이의 틈이 더 벌어지게 됩니다.
그래서 그 벌어진 틈만큼 키가 커지는 거지요.

여기는 지구 법정

무중력 공간에서는 키가 달라질까요?
지구법정에서 알아봅시다.

재판을 시작합니다. 원고 측 변론하세요.

이미커 양과 모지라 양은 이미 키가 다 자랄 만큼 자란 성인입니다. 그런데 키가 158센티미터인 모지라 양이 노그랩 병원에서 갑자기 2센티미터가 늘어 시험에 합격했다는 것은 믿을 수 없는 일입니다. 측정용 자가 잘못되었거나 측정을 제대로 못한 것으로밖에는 생각할 수 없습니다. 그러므로 모지라 양이 합격했다면 그녀보다 1센티미터 큰 이미커 양도 당연히 합격해야 한다는 것이 본 변호사의 주장입니다.

피고 측 변론하세요.

무중력 생물 연구소의 무생물 소장을 증인으로 요청합니다.

라면 머리에 얼굴에는 주근깨가 가득한 30대 남자가 증인석에 앉았다.

무중력 생물 연구소는 뭘 하는 곳인가요?

이름 그대로 무중력 공간에서의 생물학을 연구하는 곳입니다.

무중력 공간에서의 생물학을 연구하는 이유라도 있습니까?

그야 물론 있습니다.

그 이유가 뭔가요?

중력 상태의 공간에서와는 다른 독특한 변화들이 무중력 공간에서 일어나기 때문입니다.

중력 상태의 공간에서와는 다른 변화라…… 예를 들면 어떤 것들이 있을까요?

가장 가까운 예로 우리의 몸을 들 수가 있습니다. 그중 얼굴을 예로 들자면, 무중력 공간에서는 우리의 얼굴이 지금과는 달리 찐빵처럼 붓게 됩니다.

그건 왜죠?

지구에서는 중력 때문에 체액이 발 쪽으로 많이 몰리지만 무중력 상태에서는 체액이 몸 전체에 골고루 퍼지게 되므로 상대적으로 얼굴 쪽의 체액이 지구에서보다 많아지게 됩니다. 그래서 얼굴이 붓는 것이지요.

재미있군요. 또 다른 변화는요?

무중력 공간에서는 우주 멀미를 경험하게 됩니다.

그런 멀미도 있나요?

우리의 귀에는 몸의 중심을 잡을 수 있게 도움을 주는 세반고리관이 있습니다. 이것이 중력이 있는 지구에서는 그 기능을 발휘

하지만 중력이 없는 곳에서는 제 기능을 발휘하지 못해 몸의 중심을 잘 잡지 못하기 때문에 어지러움을 느끼게 되지요.

또 다른 예는요?

무중력 공간에서 오래 살면 뼈가 약해집니다.

그건 왜죠?

중력이 없으니 우리 몸을 지탱하기 위한 튼튼한 뼈가 필요 없어지겠지요. 따라서 뼈 안에 있던 칼슘이 몸 밖으로 빠져나오게 되어 뼈가 아주 약해집니다. 뿐만 아니라 근육 속의 단백질도 빠져나가 근육도 많이 약해지지요.

그렇다면 이제 이번 사건과 관련한 질문을 드리겠습니다. 무중력 공간에서 사람의 키는 어떻게 되지요?

커집니다.

얼마나 커집니까?

약 2.5센티미터 커집니다.

왜 키가 커지는 거죠?

사람의 몸은 뼈와 살로 이루어져 있습니다. 그리고 뼈는 여러 개의 작은 조각 뼈들이 관절에 의해 연결되어 있지요. 그런데 무중력 공간에서는 중력이 없으므로 관절 사이의 틈이 더 벌어지게 됩니다. 그래서 그 벌어진 틈만큼 키가 커지는 거지요. 물론 지구로 되돌아오면 원래의 키가 됩니다.

그렇군요. 존경하는 재판장님. 모지라 양의 신체검사 표에는 그녀의 키가 160.5센티미터로 기재되어 있습니다. 이는 물론 그녀가 무중력 공간에 위치한 노그랩 병원에서 키를 쟀기 때문에 2.5센티미터 정도 늘어난 결과입니다. 하지만 그녀는 회사에서 지정한 신체검사 장소에서 키를 쟀고 그 결과 스튜어디스의 기준을 통과했으므로 그녀의 합격에는 아무 문제가 없다고 생각합니다.

판결합니다. 피고 측 변호사의 주장에 동의합니다. 악법도 법이듯이 무중력 공간에서 키가 커진다는 것을 모르고 신체검사 장소를 노그랩 병원으로 정한 회사 측의 책임도 있는 만큼, 모지라 양의 신체검사는 번복될 이유가 없다고 판결합니다.

재판이 끝난 후 우주 스튜어디스 회사에서는 지원자들의 키에 대한 기준을 달리 정했다. 그 기준은 지구에서는 160센티미터 이상, 무중력 공간에서는 162.5센티미터 이상이었다.

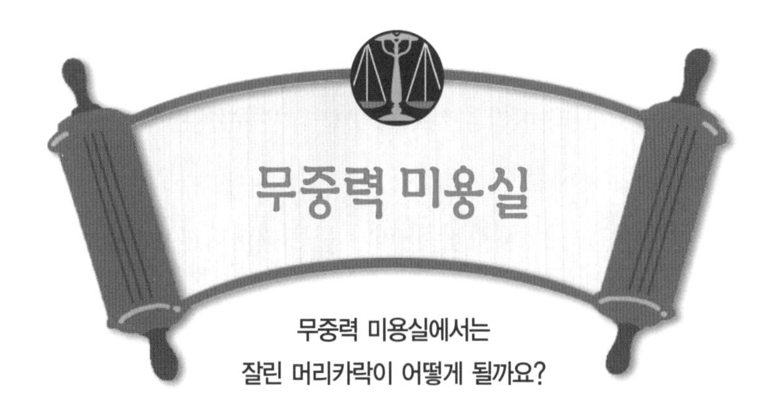

사건 속으로

지구와 달 사이의 무중력 공간에 많은 무중력 정거장들이 생기게 되었다. 과학공화국의 어씨오 시티에서 미용실을 운영하던 한파마 씨는 최근에 우후죽순처럼 미용실이 늘어나 손님이 줄어들자 무중력 공간에 미용실을 개업하기로 결심을 했다.

그녀는 조그만 무중력 정거장 하나를 임대했는데 그 정거장은 지구에서 달 방향으로 25만 킬로미터 떨어진 지점에 있었다. 그녀는 자신이 사용하던 미용 기구를 무중력 정거장에 싣고 갔다. 모든 준비가 끝난 후 그녀는 미용실 입구에 '무중력 헤어 파티' 라는 간판을 달았다.

우주여행을 하느라 머리를 자르지 못한 많은 우주 관광객들이 그녀의 미용실에 벌 떼처럼 몰려들었다. 하지만 공간이 너무 작아 미용실 안에는 머리 손질을 받을 사람 한 명과 둥둥 떠다니면서 다음 차례를 기다리는 두 명의 손님만이 들어갈 수 있었다. 들어가지 못한 다른 손님들은 정거장 주위를 빙글빙글 돌면서 차례를 기다려야 했다.

드디어 첫 번째 손님인 40대의 긴 머리 여자 손님이 의자에 앉았다. 두 명의 대기 손님은 미용실에서 둥둥 떠다니면서 첫 번째 손님이 머리 자르는 모습을 지켜보고 있었다. 드디어 한파마 씨는 숙달된 가위손으로 손님의 머리를 마구 잘랐다. 그런데 머리카락은 바닥으로 떨어지기는커녕 방 전체를 둥둥 떠다니는 것이 아닌가!

방 전체를 둥둥 떠다니는 머리카락들은 기다리고 있던 손님들에게도 달라붙었다. 마침 기다리던 손님 중 한 명인 이무모 군은 털 알레르기가 있었다. 머리카락들은 이무모 군의 얼굴로 날리면서 알레르기를 일으켰고, 점점 심해져 결국 온몸에 붉은 반점이 생겼다. 그리고 이무모 군은 한파마 씨를 지구법정에 고소했다.

무중력 공간에서는 모든 사물이 둥둥 떠다닙니다.

여기는 지구법정

무중력 공간에서는 머리카락을 자를 수 있을까요?
지구법정에서 알아봅시다.

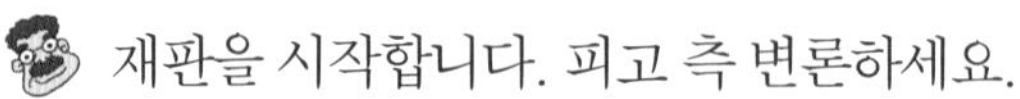

재판을 시작합니다. 피고 측 변론하세요.

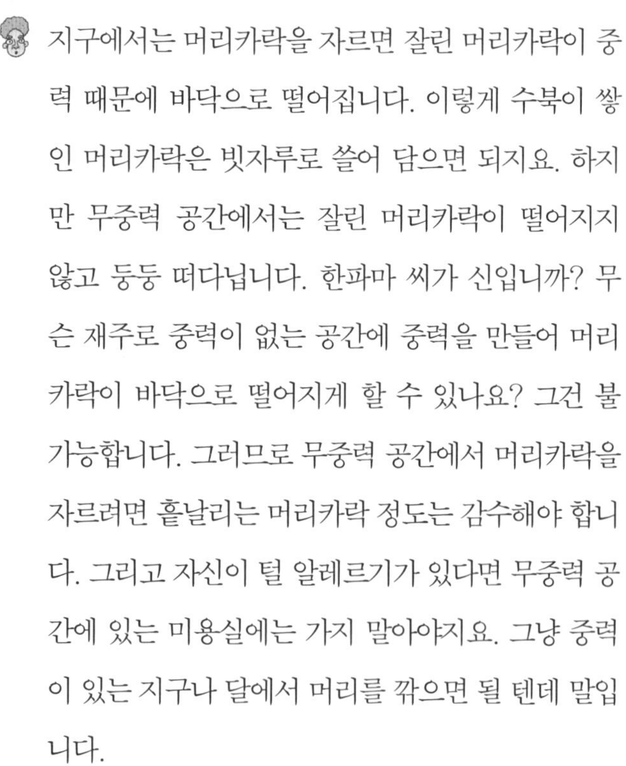

지구에서는 머리카락을 자르면 잘린 머리카락이 중력 때문에 바닥으로 떨어집니다. 이렇게 수북이 쌓인 머리카락은 빗자루로 쓸어 담으면 되지요. 하지만 무중력 공간에서는 잘린 머리카락이 떨어지지 않고 둥둥 떠다닙니다. 한파마 씨가 신입니까? 무슨 재주로 중력이 없는 공간에 중력을 만들어 머리카락이 바닥으로 떨어지게 할 수 있나요? 그건 불가능합니다. 그러므로 무중력 공간에서 머리카락을 자르려면 흩날리는 머리카락 정도는 감수해야 합니다. 그리고 자신이 털 알레르기가 있다면 무중력 공간에 있는 미용실에는 가지 말아야지요. 그냥 중력이 있는 지구나 달에서 머리를 깎으면 될 텐데 말입니다.

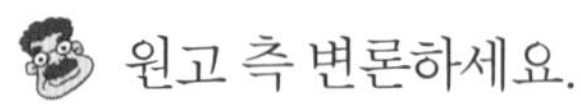

원고 측 변론하세요.

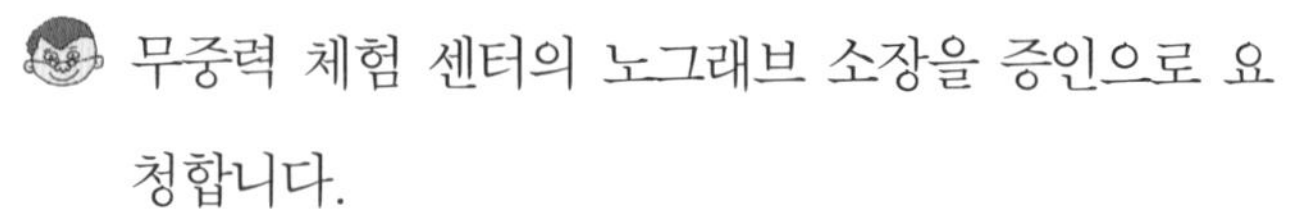

무중력 체험 센터의 노그래브 소장을 증인으로 요청합니다.

머리가 위로 삐죽이 치솟은 50대의 괴상한 모습의 남자가 증인석에 앉았다.

증인은 지구에서 무중력 체험 센터를 운영하고 있지요?

네, 그렇습니다.

무중력 체험 센터에서는 어떤 것들을 체험하게 됩니까?

간단합니다. 번지점프를 한다든가 순간적으로 공중에서 낙하하는 놀이기구처럼 위에서 아래로 낙하를 할 때 경험할 수 있는 것이 바로 무중력 상태입니다.

간단하군요. 그럼 이번 미용실 사건에 대해서는 어떻게 생각하십니까?

무중력 공간에서는 모든 사물이 둥둥 떠다닙니다. 그러니까 함부로 소변이나 대변을 보면 안 되지요. 더러운 오물들이 둥둥 떠다닐 테니까요.

그만!! 생각만 해도 너무 지저분하군요.

무중력 공간에서 과자 봉지를 열면 과자들이 봉지 밖으로 마구 나와 떠다닙니다. 이 사건에서 문제가 된 머리카락과 마찬가지로요.

그렇다면 자른 머리카락이 여기저기로 흩날리는 것을 막을 방법이 없다는 얘긴가요?

그렇지 않습니다. 무중력 공간에서 머리카락을 자를 때는 자르는 순간 다른 한 사람이 진공청소기로 머리카락을 빨아들이면 됩니다. 그러면 머리카락이 흩날리지 않고 모두 진공청소기 안으로 모이게 되지요. 이것이 바로 무중력 공간에서의 청소 방법입니다.

역시 진공청소기는 무중력 공간에서도 통하는군요. 존경하는 재판장님. 증인의 주장처럼 한파마 씨가 진공청소기를 준비하고 그것을 통해 자른 머리카락을 빨아들였다면 이무모 군이 흩날리는 머리카락 때문에 고생하진 않았을 것이라 여겨집니다. 그러므로 그런 준비도 없이 머리를 자른 한파마 씨에게 이번 사건의 책임이 있다고 주장합니다.

판결합니다. 자신의 머리카락이 얼굴에 닿는 것도 귀찮은 일인데 하물며 다른 사람의 머리카락이 얼굴로 날아온다는 것은 참으로 짜증스러운 일일 것입니다. 원고 측 증인의 말대로 머리카락을 진공청소기로 흡입할 수 있는 방법이 있음에도 불구하고 그 방법을 사용하지 못한 것은 한파마 씨의 무중력에 대한 무지함으로부터 비롯된 것이므로 한파마 씨에게 책임이 있다고 판결합니다.

재판 후 한파마 씨는 초강력 진공청소기를 구입하고 보조에게 자신이 머리를 자르는 순간 진공청소기를 가져다 대게 하였다. 이후로 한파마 씨의 미용실에서는 머리카락이 하나도 흩날리지 않았다.

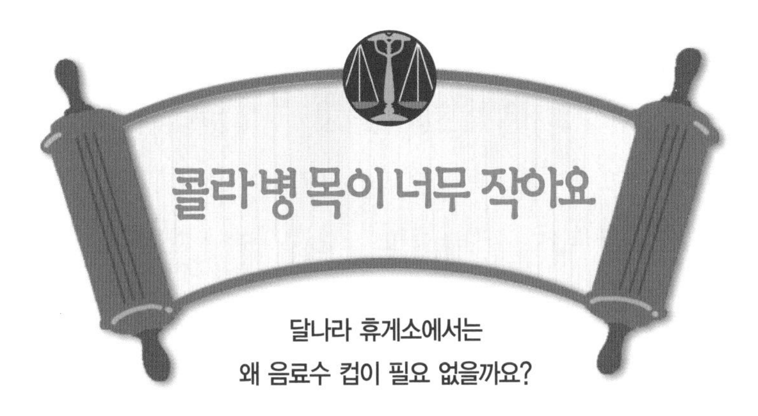

콜라 병 목이 너무 작아요

달나라 휴게소에서는
왜 음료수 컵이 필요 없을까요?

사건 속으로

지구와 달 사이를 오가는 많은 여행객을 위한 휴게소가 지구와 달 사이에 만들어졌다. 휴게소의 이름은 지달 휴게소였고 이곳 역시 무중력 공간이었다.

처음 지달 휴게소에는 여행객들이 잠시 쉴 수 있는 벨트가 달린 침대만이 놓여 있었다. 그런데 사람들이 시원한 음료를 요구하자 지달 휴게소의 배지달 사장은 지구의 오란지 회사로부터 병에 담긴 오렌지 주스 700병을 주문했다.

배지달 사장은 지달 휴게소에 오란지 바를 오픈해 많은 관광객들에게 오렌지 주스를 판매하여 수익을 올리려고 했다.

드디어 오란지 회사의 주스를 실은 로켓이 지달 휴게소에 도착했다. 700병의 오렌지 주스는 스낵바의 냉장고에 보관되었다. 다음 날부터 많은 관광객들이 소문을 듣고 오란지 바에 몰려들었다. 무중력 공간에서 시원한 오렌지 주스를 맛보기 위해서였다.

그런데 이게 웬일인가? 오렌지 주스를 마시기 위해 병뚜껑을 열었으나 주스가 병에서 나오지를 않는 것이었다. 더군다나 병의 목도 손가락이 들어가지 못할 정도로 가늘어 손을 넣어 긁어 먹는 것도 불가능했다.

결국 700병의 오렌지 주스를 제대로 팔지 못하게 된 배지달 사장은 오란지 회사를 지구법정에 고소했다.

무중력 공간은 중력이 없으므로 액체가 바닥으로 내려가지 않지요.
그래서 병을 거꾸로 들어도 병 속의 물이 아래로 쏟아지지 않습니다.

여기는 지구법정 | 무중력 공간에서 음료수를 먹는 방법은 무엇일까요? 지구법정에서 알아봅시다.

재판을 시작하겠습니다. 피고 측 변론하세요.

무중력 공간에서는 병 속의 물이 바닥으로 떨어지지 않는다는 것을 누구나 알고 있습니다. 그럼에도 불구하고 병에 든 음료를 주문한 쪽은 배지달 사장입니다. 그러므로 이번 사건에 대한 오란지 회사의 책임은 전혀 없다는 게 저의 주장입니다.

원고 측 변론하세요.

무중력 생활 연구소의 오리무중 소장을 증인으로 요청합니다.

뽀글뽀글한 파마머리에 온몸에는 정신없이 많은 장신구를 부착한 30대 여성이 증인석에 앉았다.

증인이 하는 일은 뭐죠?

저는 무중력 공간에서의 생활에 대해 연구합니다.

무중력 공간에서 음료수를 먹을 수 없다는 것이 사실입니까?

그렇습니다. 음료수 병에는 액체 상태의 음료가 담

겨 있습니다. 이들 액체들도 질량을 가지고 있고 중력의 법칙에 따라 질량을 가진 물체는 아래로 내려가게 됩니다. 하지만 무중력 공간은 중력이 없으므로 이들 액체가 바닥으로 내려가지 않지요. 그래서 병을 거꾸로 들어도 병 속의 물이 아래로 쏟아지지 않습니다.

그럼 어떻게 먹어야 하지요?

음료를 손가락으로 긁어내어 입으로 튕기면 음료가 입 안으로 들어가게 할 수 있습니다.

그렇군요. 그렇다면 이번 사건은 간단합니다. 오란지 회사의 병을 자세히 살펴보시면 다른 음료수의 병에 비해 병의 목이 가늘다는 것을 알 수 있습니다. 제가 측정한 바로는 병 목의 지름이 7밀리미터였습니다. 이렇게 입구가 좁은 병 안으로 손가락을 집어넣어 오렌지 주스를 긁어낸다는 것은 불가능합니다. 그러므로 무중력 공간에서 음료수를 팔 때는 손가락으로 긁어 먹을 수 있도록 입구가 큰 병에 담아야 할 책임이 오란지 회사 측에 있습니다. 따라서 이번 사건은 피고 측 책임이 크다고 주장합니다.

판결합니다. 원고 측의 변론이 과학적으로 더 합리적이라고 여겨집니다. 그러므로 원고 측의 요구대로 오란지 회사는 700병의 오렌지 주스를 다시 수거하여 입구가 큰 병에 담아 다시 지달 휴게소에 납품할 것을 판결합니다.

재판이 끝난 후 오란지 회사는 입구의 지름이 3센티미터인 원통 모양의 병에 700병의 오렌지 주스를 담아 지달 휴게소에 납품했다. 그리고 지달 휴게소의 오란지 바에서는 오렌지 주스가 날개 돋힌 듯 팔리기 시작했다. 오란지 바의 음료수는 조그만 스푼과 함께 제공되었는데 관광객들은 뚜껑을 열고 스푼으로 아이스크림을 퍼먹듯이 오렌지 주스를 조금씩 퍼내 떠먹었다.

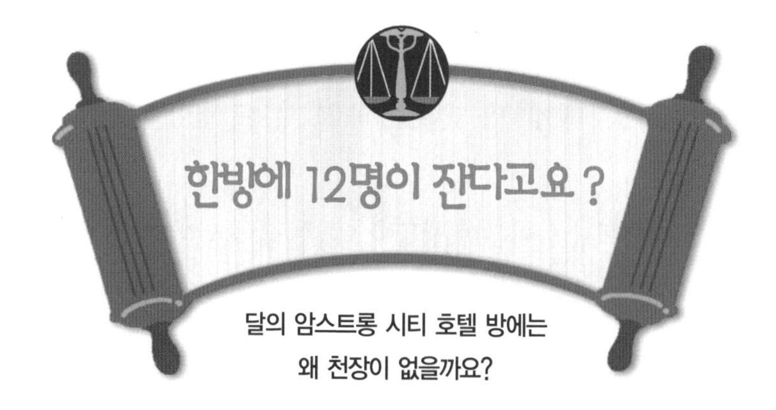

달의 암스트롱 시티 호텔 방에는
왜 천장이 없을까요?

사건 속으로

과학공화국 보이 고등학교의 2학년 학생들이 달의 암스트롱 시티로 수학여행을 가게 되었다. 이들은 달에 가는 도중 지구와 달 사이의 무중력 우주 호텔에서 하룻밤을 보내면서 무중력 체험을 하기로 했다.

지구는 중력이 있어 위로 올라가면 반드시 아래로 떨어지지만 무중력 공간에서는 중력이 없어 위와 아래의 구별이 없으며 물체와 사람들이 둥둥 떠다닌다. 보이 고등학교에서는 이런 상태를 아이들이 직접 경험하게 함으로써 중력의 소중함을 깨닫게 하고자 한 것이었다.

보이 고등학교는 여러 여행사를 알아보다가 비용이 비교적 적게 책정된 루나 여행사와 계약을 했다. 계약 조건은 두 명이 한 침대를 쓰는 것이었다.

그런데 여행에서 돌아온 학생들이 인터넷에 불만의 글을 올렸다. 그 글의 내용은 선생님들이 이야기한 것과는 달리 무중력 호텔에서는 한방을 12명이 사용하는 바람에 잠을 제대로 잘 수가 없었다는 것이었다.

아이들의 불만을 접수한 학교 측에서는 이것이 루나 여행사가 계약 조건을 제대로 이행하지 않아 빚어진 일이라며 루나 여행사를 지구 법정에 고소했다.

무중력 상태의 방에는 천장이라는 것이 없습니다.

그래서 6개의 면 모두에 침대를 놓을 수 있지요.

여기는 지구법정 | 무중력 공간에서는 어떻게 잠을 잘까요? 지구법정에서 알아봅시다.

지구짱 판사

지치 변호사

어쓰 변호사

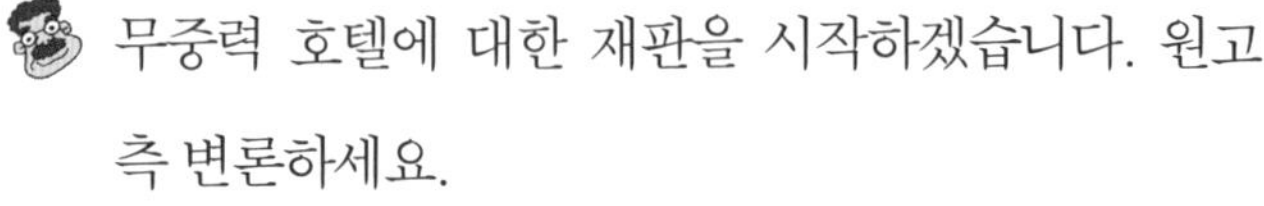
무중력 호텔에 대한 재판을 시작하겠습니다. 원고 측 변론하세요.

피고인 루나 여행사는 명백한 계약 위반을 했습니다. 한방에 2명씩 재운다고 하고는 12명을 재우다니요. 방이 얼마나 큰지는 모르겠지만 한방에 12명이 자는 것은 무리 아닙니까? 피난민도 아니고 말입니다. 아무튼 본 변호사는 피고 루나 여행사가 보이 고등학교 측에 정신적 물질적 보상을 해야 한다고 주장합니다.

피고 측 변론하세요.

루나 여행사 대표인 이루나 사장을 증인으로 요청합니다.

머리가 훤하게 벗겨진 40대 남자가 증인석에 앉았다.

증인은 한방에 2명씩 재우기로 계약을 하고 왜 12명씩 재운 거죠?

저는 한방에 2명씩 재우겠다고 한 적이 없습니다.

판사님! 지금 증인은 위증을 하고 있습니다.

위증이 아니에요. 저는 한 침대에 2명씩 재운다고 했지 한방에 2명씩이라고 말한 적은 없어요.

그럼 방이 아주 큽니까?

아닙니다. 방은 침대 하나 겨우 들어갈 정도로 작습니다.

그럼 어떻게 12명이 잘 수 있죠?

무중력의 성질을 이용한 것입니다. 지구에서는 모든 방들에 천장과 바닥이 있습니다. 그리고 우리는 파리가 아니기 때문에 천장에 붙어서 잘 수가 없지요. 지구에서는 중력에 의해 위와 아래가 결정되기 때문에 바닥에서 잘 수 있는 것입니다. 하지만 무중력 공간에서는 상황이 다릅니다.

뭐가 다르다는 거죠?

중력이 없으므로 물체가 위에서 아래로 떨어지지 않습니다. 그러니까 위와 아래의 구별이 없는 것이지요. 아이들이 묵은 방은 정육면체의 형태였습니다. 그러니까 6개의 면으로 이루어져 있지요. 지구에서 이런 방에 침대를 놓을 때는 바닥에 한 개의 침대만을 놓을 수 있지만 무중력 공간의 방에서는 6개의 면이 모두 바닥의 역할을 하므로 한방에 6개의 침대를 놓을 수 있습니다. 그래서 나는 모든 벽에 6개의 침대를 설치하고 각 침대에 2명씩 자게 한 것입니다.

천장에서 자는 아이들이 떨어지지 않나요?

말씀드린 대로 무중력 상태의 방에는 천장이라는 것이 없습니다. 침대에서 자는 아이들을 고정시키기 위해서는 벨트로 아이들을 묶어야 합니다. 그렇지 않으면 아이들이 자는 동안 둥둥 떠다닐 테니까요.

그렇군요. 존경하는 재판장님. 증인의 말처럼 무중력 호텔의 방은 6개의 면이 모두 지구의 바닥과 같은 역할을 하므로 하나의 방으로 6개의 방을 꾸밀 수 있습니다. 그리고 분명 계약은 한방에 2명씩이 아니라 한 침대에 2명씩이라고 했으므로 피고인 루나 여행사는 계약을 위반하지 않았다고 주장합니다.

판결하겠습니다. 물론 무중력 호텔의 방에 6개의 면을 모두 바닥으로 활용할 수 있다는 점은 이해가 갑니다. 하지만 서로 마주 보는 면에 누워 있는 사람은 상대방의 얼굴을 똑바로 쳐다보면서 자야 하기 때문에 다소 신경이 쓰일 것이며 자다가 일어나 상대방의 얼굴이 눈앞에 있는 것을 보고 깜짝 놀랄 수도 있습니다. 그러므로 무중력 호텔의 경우 한방에 묵는 손님들이 서로 마주 보며 자는 불편함을 없애기 위해 3개의 면만 바닥으로 사용하도록 인정하겠습니다.

재판 후 무중력 호텔에는 한방에 3개의 침대가 놓여졌다. 그리고 각 침대에 2명씩 6명이 한방을 쓸 수 있게 되었다.

중력

지구의 중력

뉴턴은 질량을 가진 두 물체 사이에는 서로를 잡아당기는 힘이 작용한다고 하였습니다. 이것이 바로 우리가 잘 알고 있는 만유인력입니다. 우리가 살고 있는 지구는 질량을 가지고 있습니다. 그러므로 지구와 지구 위의 물체 사이에는 만유인력이 작용합니다.

공을 손에 쥐고 있다가 놓으면 공은 어떻게 되지요? 물론 아래로 떨어집니다. 공은 왜 떨어졌을까요? 그것은 공이 힘을 받았기 때문입니다. 그 힘이 바로 지구와 공이 서로 당기는 만유인력이지요. 이렇게 지구에 있는 물체는 지구가 당기는 힘인 만유인력을 받는데 이것을 지구의 중력이라고 합니다.

그런데 이상한 점이 있군요. 공도 지구를 당길 텐데 왜 지구는 공 쪽으로 안 떨어질까요?

그것은 지구가 공보다 훨씬 무겁기 때문입니다. 지구가 공을 당기는 힘과 공이 지구를 당기는 힘은 크기가 같습니다.

하지만 지구는 질량이 너무 크기 때문에 잘 움직이지 않습니다. 그에 비해 공은 질량이 작아 잘 움직이지요. 이렇게 지

구에서 물체의 운동을 생각할 때는 지구는 고정된 것으로 생각하고 물체만 지구의 중력 때문에 움직이는 것으로 생각해야 합니다.

무중력 공간

그런데 우리가 로켓을 타고 지구로부터 멀리 날아가면 지구가 잡아당기는 힘인 지구의 중력이 약해집니다. 그러므로 물체는 더 이상 지구의 중심 방향으로 떨어질 필요가 없게 됩니다. 이런 공간을 무중력 공간, 이런 상태를 무중력 상태라고 부릅니다.

중력이 없는 무중력 공간에서 물체가 바닥으로 떨어지지 않듯이 이런 공간에서는 사람도 공중에 둥둥 떠다니게 되겠지요.

지구로부터 멀어질수록
지구가 잡아당기는 힘인 중력이 약해진답니다.

제2장

달에 관한 사건

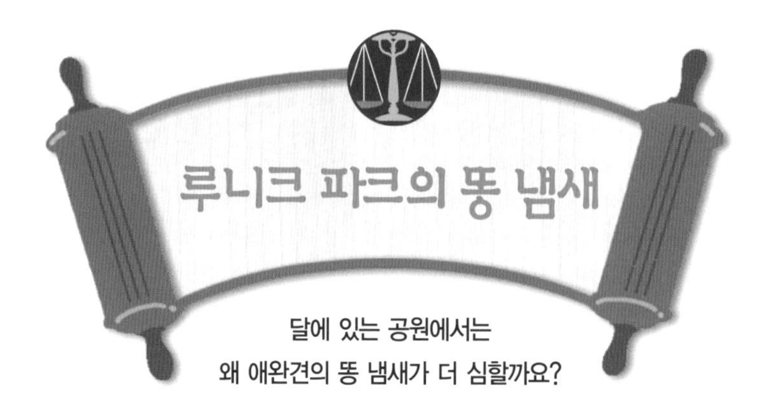

사건 속으로

달 위성국의 암스트롱 시티는 캡슐 시티이다. 사람들은 거대한 캡슐 속에 공기를 채워 넣고 적당한 조명 속에서 살기 때문에 지구와 거의 같은 환경에서 지낼 수 있다.

하지만 이들은 산소 호흡기를 이용하여 캡슐 밖으로 자주 산책을 나가 달 표면의 부드러운 모래 위에서 수많은 별들을 감상하기도 한다.

달 위성국에 사람이 살게 된 지 10년이 지나자 사람들은 지구 과학공화국 사람들처럼 애완동물을 키우게 되었다. 그 중 가장 인기 있는 것은 애완견이었다. 그것은 개가 다른 동물들에 비해 충성심이 강하기 때문이다.

물론 달 위성국 사람들이 개를 데리고 캡슐 밖으로 나갈 때는 개 역시 산소 호흡기를 착용했다.

달 위성국 사람들이 많이 찾는 곳은 암스트롱 시티 바로 옆에 있는 루니크 파크라는 공원이었다. 이 공원은 주말만 되면 사람과 개로 인산인해를 이루었다. 그러나 애완견을 데리고 산책하는 사람들이 많아지자 문제가 발생했다. 개가 싼 똥에서 퍼지는 냄새가 사람들이 견디기 힘들 정도였던 것이다.

이로 인해 사람들의 발길이 뜸하게 된 루니크 파크의 이월면 사장은 달 위성국에 개의 공원 출입을 금지해 달라는 청원을 했고, 이 문제는 결국 지구법정에서 다루어지게 되었다.

공기가 없는 달에서는 확산이
아주 멀리까지 빠르게 일어나지요.

여기는 지구법정

달에서는 똥 냄새가 어떻게 퍼질까요?
지구법정에서 알아봅시다.

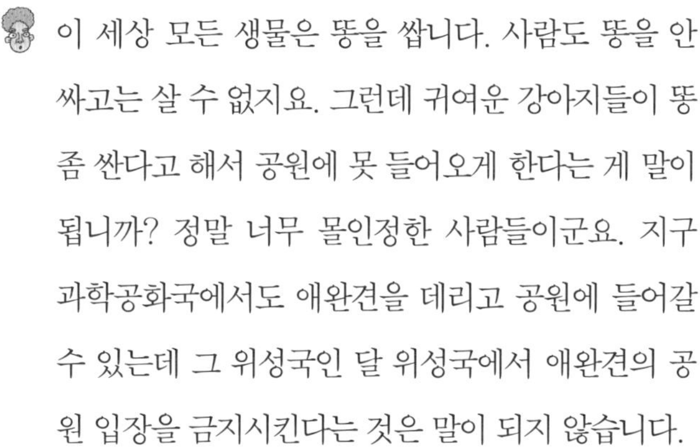

재판을 시작하겠습니다. 먼저 피고 측 변론하세요.

이 세상 모든 생물은 똥을 쌉니다. 사람도 똥을 안 싸고는 살 수 없지요. 그런데 귀여운 강아지들이 똥 좀 싼다고 해서 공원에 못 들어오게 한다는 게 말이 됩니까? 정말 너무 몰인정한 사람들이군요. 지구과학공화국에서도 애완견을 데리고 공원에 들어갈 수 있는데 그 위성국인 달 위성국에서 애완견의 공원 입장을 금지시킨다는 것은 말이 되지 않습니다.

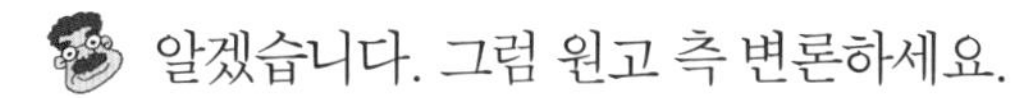

알겠습니다. 그럼 원고 측 변론하세요.

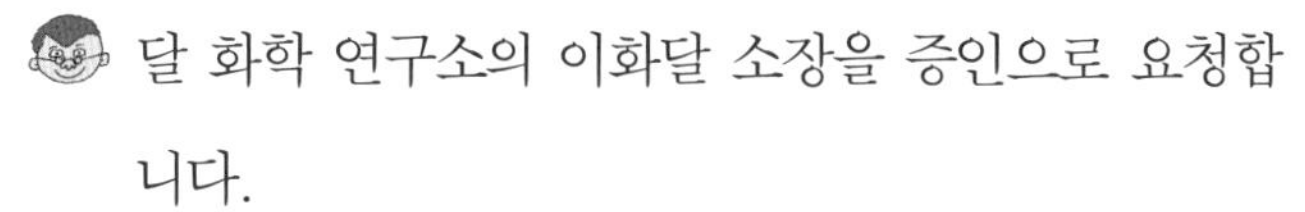

달 화학 연구소의 이화달 소장을 증인으로 요청합니다.

얼굴이 달덩어리처럼 동그랗게 생긴 40대의 남자가 증인석에 앉았다.

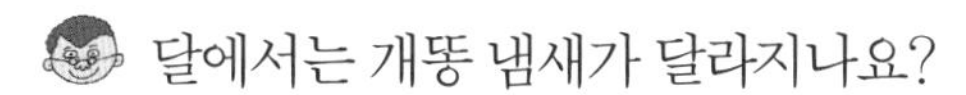

달에서는 개똥 냄새가 달라지나요?

개똥의 성분이야 똑같지요. 달에서 사는 개라고 다른 똥을 쌀 리는 없으니까요.

그렇겠군요. 그럼 달에서 개똥의 냄새가 더 잘 퍼지는 이유는 뭡니까?

그건 분자의 확산과 관계가 있습니다.

그게 무슨 말이죠?

이화달 소장은 조그만 물 컵을 들고 나왔다. 물 컵에는 물이 가득 담겨 있었다.

지금 이 컵에는 물만 있지요?

네, 물만 있군요.

이화달 소장은 물에 붉은 잉크 한 방울을 떨어뜨렸다. 그러자 잠시 후 물 전체가 붉은 색으로 변했다.

이것이 분자의 확산입니다. 붉은 잉크를 이루는 분자들이 물 분자들 사이에서 골고루 퍼져 나가 전체를 붉은색으로 만드는 거지요.

그것과 개똥 냄새가 무슨 관계가 있지요?

지금 잉크 분자는 액체인 물속에서 확산되었습니다. 그런데 냄새를 일으키는 분자들은 기체 속에서 확산됩니다. 지구에서는 공기라는 기체 속에서 똥 냄새 분자들이 확산되므로 공기가 방해를 일으켜 냄새가 심하게 확산되는 것을 막지만, 달에는 공기가 없어 확산이 아주 멀리까지 빠르게 일어납니다. 그러므로 개똥 냄새가 멀리까지 퍼져 공원 전체에 진동을 하게 되는 거지요.

그런 차이가 있었군요. 존경하는 재판장님. 증인이 얘기한 것처럼 달과 같은 진공 상태에서는 분자의 확산이 빨라 개똥 냄새 분자들이 먼 곳까지 아주 빠르게 이동합니다. 그리고 그 분자들은 사람들을 기분 나쁘게 만들지요. 그러므로 이처럼 공기가 없는 곳에서는 냄새의 요소를 제거하는 측면에서 애완견의 공원 출입을 금지하는 것이 당연하다고 생각합니다.

판결하겠습니다. 세상 사람들은 크게 둘로 나눌 수 있습니다. 하나는 개를 좋아하는 사람이요, 다른 하나는 개를 싫어하는 사람입니다. 이 두 부류의 사람은 이 세상에서 함께 살아가야합니다. 발 냄새를 양말로 막을 수 있듯이 개똥 냄새의 분자들도 잘 퍼지지 못하게 막을 수 있습니다. 앞으로 공원을 출입하는 애완견은 과학공화국에서 발명한 애완견용 팬티를 입고 다닐 것을 의무화하는 법안을 달 위성국에 요구하겠습니다.

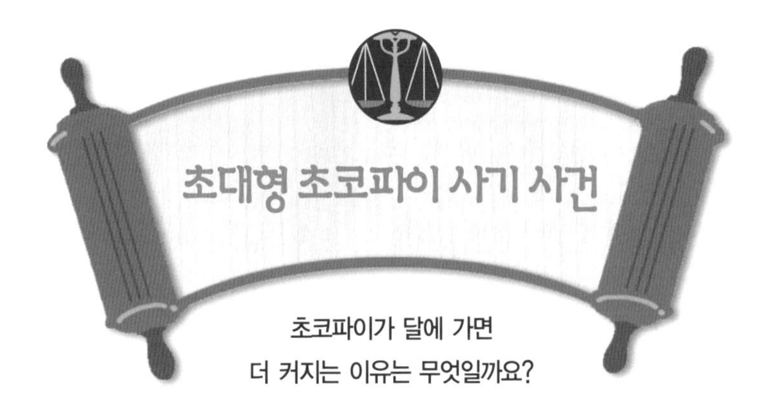

초코파이가 달에 가면
더 커지는 이유는 무엇일까요?

사건 속으로

달 위성국과 지구 과학공화국 사이에 무역이 급증하였다. 달에서는 공기가 없어 음식을 굳이 냉동 보관하지 않아도 되기 때문에 달 위성국에는 음식 산업이 발전했다.

지구에서 최근에 달로 이주한 이기포 씨는 달 위성국에서 조그만 초코파이 공장을 세웠다. 그런데 같은 재료를 사용하여 만들어도 지구에서보다 훨씬 큰 초대형 초코파이가 만들어지는 것을 보고 신이 난 이기포 씨는 이것을 지구 과학공화국에 수출하기로 결심했다.

이기포 씨가 운영하는 초대형 초코파이의 광고를 본 지구의 많은 수입상들이 너나 할 것 없이 그의 초코파이를 수입해 지구에 팔기 위해 덤벼들 정도로 이기포 씨의 초대형 초코파이는 큰 인기를 끌었다.

그리하여 지구에는 '이기포 파이' 라는 브랜드로 초대형 초코파이를 판매하는 점포들이 우후죽순 생기게 되었다. 이기포 씨는 공장을 풀가동하여 지구에 수많은 초대형 초코파이를 수출했다.

그런데 이상한 일이 벌어졌다. 달에서는 분명히 초대형이던 초코파이가 지구에 도착하는 순간 줄어들어 보통 초코파이 크기로 변한 것이었다.

이에 지구의 대리점들은 이기포 씨가 자신들에게 사기를 쳤다며 대리점 계약을 취소할 테니 계약금을 돌려달라고 요구했고, 이기포 씨는 자신은 사기를 친 일이 없다고 버텼다. 대리점 연합은 이기포 씨를 고소하기에 이르렀고 이 사건은 지구법정에서 다루어지게 되었다.

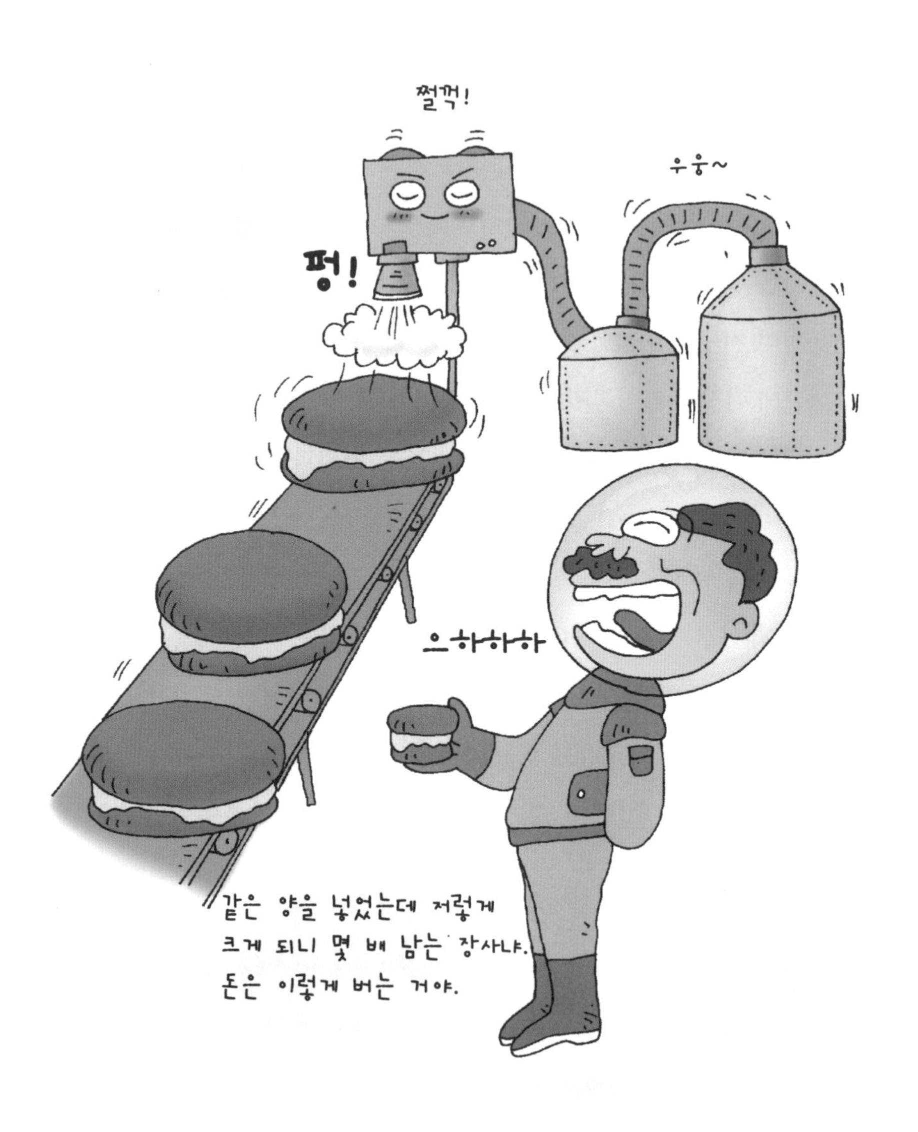

진공 상태인 달에서는 마시멜로 안의 공기가 팽창해
초코파이의 크기가 지구에서보다 커진답니다.

여기는 지구법정

왜 초코파이의 크기가 달라졌을까요?
지구법정에서 알아봅시다.

재판을 시작합니다. 피고 측 변론하세요.

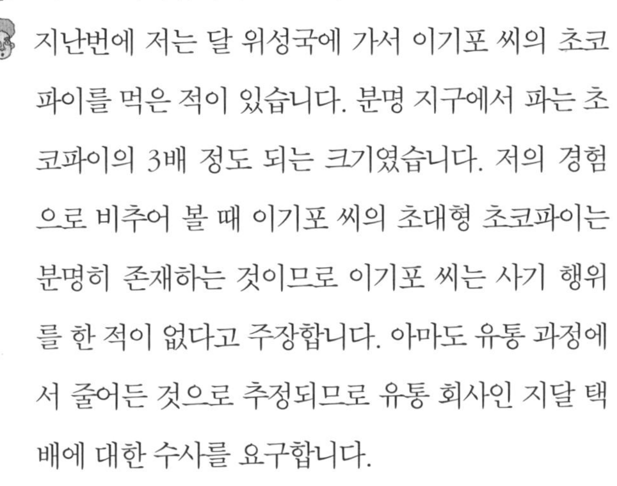

지난번에 저는 달 위성국에 가서 이기포 씨의 초코파이를 먹은 적이 있습니다. 분명 지구에서 파는 초코파이의 3배 정도 되는 크기였습니다. 저의 경험으로 비추어 볼 때 이기포 씨의 초대형 초코파이는 분명히 존재하는 것이므로 이기포 씨는 사기 행위를 한 적이 없다고 주장합니다. 아마도 유통 과정에서 줄어든 것으로 추정되므로 유통 회사인 지달 택배에 대한 수사를 요구합니다.

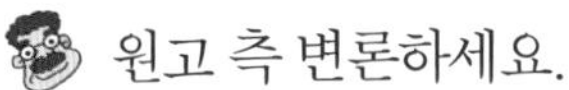

원고 측 변론하세요.

진공 화학 연구소의 진공화 박사를 증인으로 요청합니다.

잠시 후 긴 생머리의 소녀 같은 이미지를 가진 20대 후반의 여자가 증인석에 앉았다.

참 예쁘시군요.

고맙습니다.

판사님! 지금 원고 측 변호사는 재판과 관계없는 애기를 하고 있습니다.

인정합니다. 원고 측 변호사는 재판과 관련 있는 질문을 하세요. 그런데 증인, 끝나고 저를 좀 만날 수 있을까요?

왜 그러시죠?

차라도 한잔하면 어떨까요?

판사님, 재판과 관련된 애기만 하십시오!

쩝, 좋아요. 재판 계속합시다.

크기가 똑같았던 초코파이가 달에서 지구로 가자 감쪽같이 변했는데요. 그럴 수가 있나요?

물론입니다. 지구에서는 작아지고 달에서는 커지지요.

초코파이가 마법에 걸렸나요? 왜 그런 일이 생기는 거죠?

마법이 아니라 과학입니다.

어떤 과학이죠?

달에는 공기가 없습니다. 진공 상태인 것이지요. 그러므로 공기가 누르는 압력인 대기압이 존재하지 않습니다. 물론 지구에는 수많은 공기 분자들이 대기를 이루므로 대기압이 있지요.

그건 누구나 다 아는 애기입니다. 그것과 초코파이 크기가 무슨 관계가 있지요?

초코파이의 재료는 마시멜로입니다. 초코파이는 마시멜로 안에 공기를 집어넣지요. 그런데 기체는 압력이 높으면 수축되고 압력이 낮으면 팽창하는 성질이 있습니다. 그러니까 압력이 낮은 달에서는 초코파이 안의 공기가 팽창하여 크게 부풀어 오르지만 압력이 높은 지구에서는 다시 공기가 수축해 원래의 크기로 된 것입니다. 즉 공기 같은 기체의 압력과 부피는 서로 반비례 관계에 있지요. 이것을 보일의 법칙이라고 부릅니다.

진공에서 기체의 부피가 팽창한다는 게 잘 안 믿어지는군요.

그럼 실험을 해 보죠.

진공화 박사는 조그만 유리 용기 안에 삶은 달걀 하나를 넣고 진공 펌프로 용기 안의 공기를 뽑았다. 한참 후 용기 안의 공기가 거의 다 빠져나가자 달걀은 산산조각이 났다.

놀라운 폭발력이군요. 어째서 달걀이 폭발한 거죠?

진공 상태가 되면서 압력이 낮아져 기체의 부피가 급격하게 커졌기 때문이지요.

기체라니요? 어떤 기체를 말하는 거죠?

삶은 달걀의 껍데기 안에는 흰자가 있는데 흰자 안에는 이산화탄소가 많이 들어 있습니다. 이산화탄소는 물론 기체이지요. 압력이 낮아지자 이산화탄소의 부피가 급격하게 늘어나 껍질을 깨면서 폭발한 거죠.

무시무시한 일이군요. 기체가 팽창하여 터지는 힘이 이 정도인

줄은 몰랐습니다. 존경하는 재판장님. 이기포 씨는 진공 상태인 달에서 만든 초코파이가 공기가 있는 지구에 가면 큰 압력 때문에 초코파이 내부의 공기가 수축해 작아질 수 있다는 것을 지구의 대리점들에 알릴 의무가 있었습니다. 하지만 이기포 씨는 그 의무를 이행하지 않았다는 점을 본 변호사는 강조하고 싶습니다.

기체의 압력과 부피에 관한 놀라운 사실을 본 재판을 통해 알게 되었어요. 아무튼 이번 사건은 원고 측의 승소로 판결하겠습니다.

재판 후 이기포 씨는 지구의 대리점들에 계약금을 반환했다. 하지만 이 재판으로 이기포 씨가 손해만 입은 것은 아니었다. 재판 후 이기포 씨의 초대형 슈퍼 파이는 지구 사람들뿐 아니라 다른 행성 공화국에도 알려져 달 위성국을 방문하는 사람들은 이기포 씨의 초코파이를 먹고 가는 것이 관광 코스의 일부가 되었다.

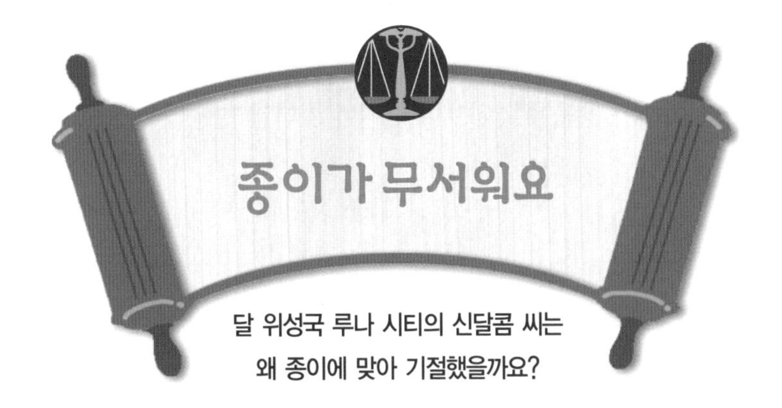

달 위성국 루나 시티의 신달콤 씨는
왜 종이에 맞아 기절했을까요?

사건 속으로

달 위성국 루나 시티의 신도시 개발로 아파트 단지가 속속 들어섰다. 지구 과학공화국의 슈이지 제화에 근무하는 신달콤 씨는 루나 시티의 신발 공장 책임자로 발령을 받았다.

그리하여 신달콤 씨 부부는 루나 시티의 하이문 아파트로 이사를 가게 되었다. 부부는 아파트 60층에 살았다.

그러던 어느 날 신혼의 달콤함에 푹 빠진 신달콤 씨는 아내를 위한 멋진 이벤트를 준비했다.

그것은 로미오와 줄리엣을 패러디한 이벤트였다. 신달콤 씨는 아내에게 지금 당장 창밖을 내다보라는 문자를 보냈다. 청소를 하던 신달콤 씨의 아내가 창문을 열어보니 남편이 커다란 현수막을 들고 서 있었다. 현수막에는 다음과 같이 써 있었다.

당신은 나의 영원한 사랑!!
루나 시티에서의 아름다운 추억을 위하여!!

신달콤 씨의 아내는 너무 기분이 좋아 멍하니 남편의 이벤트를 감상했다.

그 때 갑자기 슈욱! 하는 소리와 함께 종이 한 장이 바닥을 향해 놀라운 속도로 떨어졌다. 59층에 사는 김버려 씨가 못 쓰게 된 종이를 창밖으로 던진 것이었다.

아내를 위한 이벤트에 정신이 없던 신달콤 씨는 위에서 떨어지는 종이를 머리에 맞고 잠시 정신을 잃었다. 남편이 종이에 맞아 다치자 신달콤 씨의 아내는 종이를 함부로 밖으로 던진 김버려 씨를 지구법정에 고소했다.

공기가 없는 달에서는 60층 높이에서 던진 종이가
50km의 속력으로 떨어지게 됩니다.

여기는 지구법정

달에서는 떨어지는 종이에 맞으면 어떻게 될까요? 지구법정에서 알아봅시다.

지치 변호사

재판을 시작하겠습니다. 피고 측 변론하세요.

종이는 아주 가볍습니다. 그런 종이 한 장에 맞았다고 사람이 다칠 수는 없습니다. 그러므로 신달콤 씨가 다친 원인은 종이 때문이 아니라 원래 몸이 허약해서 그런 것이 아닌가 하는 생각이 듭니다.

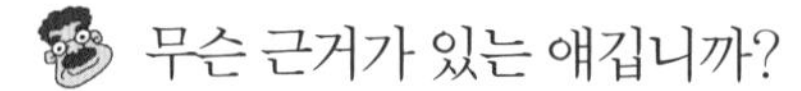

무슨 근거가 있는 얘깁니까?

근거요? 나만의 상상의 나래라고나 할까요?

헉…… 더 들을 가치가 없군! 원고 측 변론하세요.

달 물리 연구소의 이달중 소장을 증인으로 요청합니다.

하얀 와이셔츠에 초승달이 그려진 넥타이를 맨 40대 남자가 증인석에 앉았다.

증인은 달에서 물리를 연구하고 있지요?

그렇습니다.

달과 지구의 가장 큰 차이는 뭐죠?

달의 중력이 지구의 중력의 6분의 1정도로 작다는

것입니다. 중력이 작으니까 물체가 지구에서 보다는 천천히 떨어지지요.

어라! 그렇다면 김버려 씨의 종이도 천천히 떨어졌을 텐데요.

종이는 오히려 지구에서보다 더 빨리 떨어집니다.

그건 왜죠?

지구에는 공기가 있습니다. 그래서 지구에서는 종이가 떨어지면서 공기의 저항을 많이 받아 천천히 떨어지지요. 하지만 달에는 공기가 없기 때문에 공기 저항을 받지 않습니다. 그러므로 달에서 60층 정도의 높이는 지구에서 10층 정도의 높이이며 그 정도라면 종이가 바닥에 닿을 때의 속력은 시속 50킬로미터 정도가 됩니다. 이런 속도로 떨어지는 종이와 사람이 부딪치면 종이가 닿는 면적이 작아서 사람은 큰 충격을 받게 되지요.

잘 들었습니다. 존경하는 판사님. 달에는 공기 저항이 없으므로 종이도 아주 빠르게 떨어집니다. 신달콤 씨는 종이의 평평한 면에 부딪친 것이 아니라 똑바로 선 채 떨어지는 종이에 부딪쳤기 때문에 큰 부상을 입었습니다. 그러므로 원고 측 주장대로 김버려 씨가 신달콤 씨의 부상에 책임이 있다고 주장합니다.

우리는 이번 재판에서 종이 한 장도 달에서는 사람을 해치는 무기가 될 수 있다는 것을 알았습니다. 이런 일이 발생한 것은 아무렇게나 종이 쓰레기를 창밖으로 던지는 김버려 씨의 나쁜 습관에 있으므로 김버려 씨에게 이번 사건의 책임을 물어 신달콤 씨에게 병원비 전부와 정신적 위자료를 지급할 것을 판결합니다.

재판 후 김버려 씨의 유리창은 안에서 열리지 않는 유리창으로 교체되었다. 그것은 김버려 씨의 창문 밖으로 쓰레기를 던지는 습관을 없애기 위한 달 위성국의 조치였다.

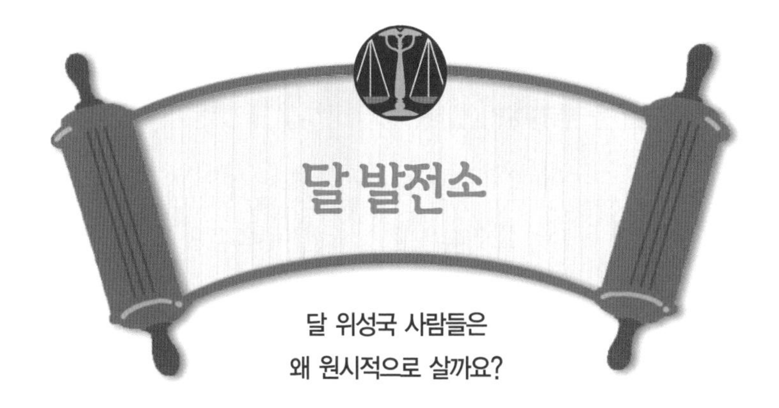

달 위성국 사람들은
왜 원시적으로 살까요?

사건
속으로

달 위성국에는 많은 사람들이 이주했지만 발전소가 없어서 사람들이 원시적인 생활을 할 수밖에 없었다. 참다못한 달 위성국 사람들은 지구 과학공화국에 발전소 건설을 촉구했는데 그게 문제가 좀 있었다.

발전 방식에는 수력, 풍력, 화력, 원자력 발전이 있는데 달에는 물이 없어서 수력 발전이 불가능했고, 공기가 없으므로 바람도 없어 풍력 발전도 불가능했다. 또한 석유나 석탄을 태우기 위해서는 산소가 필요한데 산소도 없어 화력 발전도 불가능했다. 결국 지구 과학공화국에서는 달 위성국의 발전 방식은 원자력 발전밖에 없다고 결론을 내리고 초대형 원자력 발전소 건설을 추진하려 했다.

그러자 달 위성국의 환경 단체는 아름다운 달을 방사능으로 오염시킬 수는 없다며 원자력 발전소의 건설을 반대하고 다른 종류의 발전소를 만들어 줄 것을 지구 과학공화국에 요구했다.

하지만 지구 과학공화국은 이를 거절했고 결국 달 위성국은 지구 과학공화국을 지구법정에 고소했다.

달에서는 에너지가 큰 빛을 이용하여 전류를 만들어 낼 수 있으므로
반드시 원자력 발전만을 고집할 필요는 없지요.

여기는 지구 법정

달에는 어떤 발전소를 세워야 할까요?
지구법정에서 알아봅시다.

재판을 시작하겠습니다. 피고 측 변론하세요.

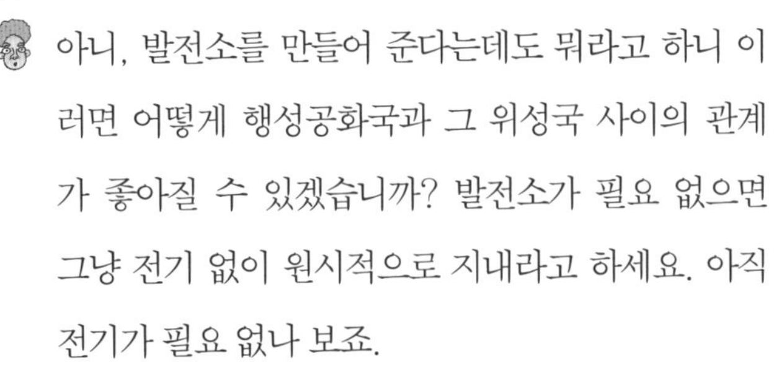

아니, 발전소를 만들어 준다는데도 뭐라고 하니 이러면 어떻게 행성공화국과 그 위성국 사이의 관계가 좋아질 수 있겠습니까? 발전소가 필요 없으면 그냥 전기 없이 원시적으로 지내라고 하세요. 아직 전기가 필요 없나 보죠.

피고 측 변호사! 너무 감정적으로 이야기하지 말고 변론답게 해 주세요.

이상입니다.

헉…… 지금 장난하자는 겁니까! 원고 측 변론하세요.

이번 재판을 맡으면서 발전의 방법이 수력, 화력, 풍력, 원자력 말고도 다른 것이 있다는 것을 알았습니다.

어떤 거죠?

그건 증인 심문 과정에서 밝혀질 것입니다. 광전 연구소의 감광전 박사를 증인으로 요청합니다.

머리가 백열전구처럼 훤하게 벗겨진 50대 남자가 증인석에 앉았다.

우선 증인에게 묻겠습니다. 달과 같은 곳의 발전 방식은 원자력 발전 이외에는 다른 방법이 없나요?

물론 원자력 발전은 달에서도 가능합니다. 하지만 달에 대해 조금 더 아는 사람은 달에는 독특한 무공해 발전 방식이 있다는 것을 알 것입니다.

그게 뭐죠?

바로 광전입니다.

증인의 이름과 같군요. 그 광전이란 무엇이죠?

광전이란 빛으로 전기를 만드는 것을 말합니다.

빛으로요? 그게 가능합니까?

물론입니다.

어떻게 빛을 만들죠?

대부분의 금속은 전기가 잘 통하는 도체입니다. 이것은 금속 내부를 자유롭게 돌아다니는 전자인 자유전자들이 많아서 그런 것입니다. 이들 자유전자들은 항상 금속 밖으로 도망치고 싶어 하지요. 하지만 평상시는 금속 원자의 핵이 못 나가게 막고 있어서 금속 밖으로 탈출할 수가 없지요. 하지만 빛을 쪼이면 상황은 달라집니다.

그건 무슨 말이죠?

정지해 있는 당구공에 당구공을 던지면 정지해 있던 공은 어떻게 되지요?

그야 굴러가지요.

바로 그겁니다. 던진 당구공에 맞은 당구공이 움직이는 것은 충돌로 에너지를 얻었기 때문입니다. 충돌로 인해 얻게 된 에너지로 정지해 있던 당구공이 움직이듯이 금속 내부의 자유전자들에게도 누군가가 에너지를 주면 전자들의 에너지가 커져서 금속 밖으로 탈출이 가능해집니다.

그럼 그 자유전자들이 움직일 수 있도록 에너지를 주는 것이 빛이란 얘긴가요?

그렇습니다. 빛 중에서도 파장이 짧을수록 빛의 에너지가 크기 때문에 전자에게 더 큰 에너지를 줄 수 있지요. 눈에 보이는 빛 중에서는 가장 파장이 짧은 보랏빛이 전자에게 가장 큰 에너지를 줍니다. 하지만 눈에 보이지 않는 빛까지 합치면 에너지가 큰 빛들이 더 많이 있습니다.

어떤 빛들이 있죠?

자외선, X선, 감마선 같은 빛들은 보랏빛보다 파장이 훨씬 짧아 에너지가 아주 큰 빛들입니다. 이런 빛들은 더 많은 전자들을 금속 밖으로 튀쳐나가게 하지요. 지구는 대기가 두꺼워 에너지가 큰 빛들이 뚫고 들어오기 힘들지만 달은 대기가 없어 이런 빛들이 아주 쉽게 들어오지요. 그러므로 달에서는 이런 빛들을 이용한 발전을 할 수 있습니다.

전자들이 밖으로 나가는 것이 발전인가요?

전자들이 떼지어 이동하는 것을 전류라고 합니다. 그러니까 이런 큰 에너지의 빛을 금속에 쪼이면 아주 많은 전자들이 빠르게 떼지어 이동하므로 큰 전류가 흐르게 되지요. 즉 빛으로 전류를 만들었으므로 이것 역시 발전입니다. 이렇게 빛으로 전류를 만들어 내는 것을 광전 효과라고 부르지요.

잘 알겠습니다. 존경하는 재판관님. 지금 증인이 말한 것처럼 달에서는 눈에 보이지 않는 에너지가 큰 빛을 이용하여 전류를 만들어 낼 수 있습니다. 그러므로 지구 과학공화국이 달 위성국에 원자력 발전만을 고집한 것은 잘못이라는 것이 본 변호사의 생각입니다.

판결합니다. 지구에서도 원자력은 위험할 수 있는 발전 방식 중의 하나입니다. 물론 지구에서는 잘 관리되어 안전하게 유지될 수 있지만 달처럼 대기가 없는 곳에서는 소행성들과의 충돌에 의해 원자력 발전소가 폭발하는 일이 벌어질 수도 있습니다. 따라서 원고 측 주장 대로 달에는 광전 효과를 이용한 발전소를 건립할 것을 판결합니다.

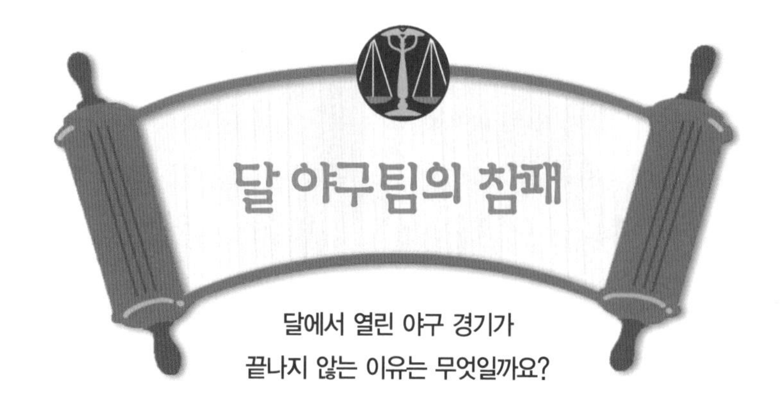

달에서 열린 야구 경기가
끝나지 않는 이유는 무엇일까요?

사건 속으로

태양계 연합의 모든 행성공화국과 위성공화국은 야구를 좋아했다. 그래서 많은 어린이들이 야구 선수가 되는 것을 꿈꿨다. 그러던 중 태양계 연합에서는 각 행성과 위성들을 연고지로 한 프로 야구팀을 만들어 태양계 리그라는 프로 야구 대회를 열기로 하였다.

각 행성공화국과 위성국에서는 프로 야구팀을 만들었는데 지구에는 어쓰 테레스트리알, 달에는 문 세일러, 화성에는 마스 크리스마스팀 등 많은 팀들이 만들어졌다.

드디어 태양계 리그의 개막 경기가 문 세일러팀의 연고지인 달에서 열렸다. 문 세일러팀의 개막전 상대는 지구를 연고지로 한 어쓰 테레스트리알팀이었다.

많은 홈 팬들이 지켜보는 가운데 어쓰 테레스트리알팀의 1회 초 공격이 시작되었다.

그런데 어쓰 테레스트리알팀의 선수들이 친 공은 맞는 족족 펜스를 넘어가는 홈런이 되었다. 이렇게 1회에만 수 백 개의 홈런을 때린 어쓰 테레스트리알팀의 1회 초 공격이 끝나기도 전에 계속되는 홈런에 지루함을 느낀 관중들은 모두 자리를 떠났다.

그리하여 개막전 경기는 24시간 동안 1회 초 어쓰 테레스트리알팀의 공격이 끝나지 않은 채 계속되었고 결국 경기 무효가 선언되었다. 개막전이 사람들의 실망 속에서 무효 경기 처리되자 관중들은 태양계 리그를 외면했다.

이로 인해 태양계 리그는 재정 적자를 보게 되었고, 태양계 리그는 달 위성국의 야구장에 문제가 있어 이런 일이 발생했다며 달 위성국을 지구법정에 고소했다.

공기가 없는 달에서는 아무런 방해도 받지 않는 공이 아주 멀리 날아갈 수 있답니다.

여기는 지구법정

달에서는 지구보다 홈런이 많이 생길까요?
지구법정에서 알아봅시다.

지치 변호사

어쓰 변호사

재판을 시작합니다. 피고 측 변론하세요.

야구를 하다보면 홈런이 많이 나오는 날도 있는 거지 뭘 그런 일까지 달 위성국의 야구장이 책임을 져야 합니까? 그리고 홈런은 많이 나오면 나올수록 볼만한 거 아닙니까? 타자들이 계속 삼진 아웃만 되는 팽팽한 투수전보다는 재밌잖아요? 그런데 뭐가 문제라는 거죠? 난 이해가 안 갑니다.

당신이 이해 가는 게 뭐가 있소?

헉…….

원고 측 변론하시오.

공기 저항 연구소의 공저항 박사를 증인으로 요청합니다.

역삼각형의 얼굴에 예리한 눈빛을 가진 사내가 증인석에 앉았다.

공기 저항 연구소는 뭘 하는 곳이죠?

이름 그대로 공기의 저항을 연구하는 곳입니다.

공기 저항이라는 것은 뭐죠?

지구는 눈에 보이지 않는 아주 작은 공기 알갱이들로 감싸여 있습니다. 따라서 지구에서 공을 던지면 공은 공기 알갱이들과 충돌하지요. 충돌은 에너지를 잃어버리는 일이므로 공은 공기와의 충돌이 없어야 보다 멀리 날아갈 수 있습니다.

정면에서 바람이 불면 공이 멀리 날아가지 못하는 것과 같군요.

그렇습니다. 바람도 공기의 흐름이니까요.

그럼 달에는 공기가 없어서 공이 더 멀리 날아가겠군요.

네, 그렇습니다. 달에서는 날아가는 공이 어떤 것과도 부딪치지 않습니다. 그러므로 달에서는 공이 지구에서보다 더 멀리 날아가겠죠. 지구에서도 아주 높은 곳에 있는 야구장이나 실내 야구장에서는 홈런이 더 많이 나옵니다.

그건 왜죠?

공기 알갱이의 수가 줄어들기 때문이지요. 일반적으로 위로 올라갈수록 공기가 희박해지니까요. 그리고 실내 야구장은 바람이 불지 않고요.

이제 이해가 갑니다. 그러니까 달에서 야구를 야구답게 하려면 지구에서보다는 펜스가 훨씬 멀어야겠군요.

물론입니다. 하지만 만약 펜스 거리를 3배로 길게 만든다면 9명의 선수가 수비하기에 너무 힘이 듭니다. 펜스 거리가 3배로 길어지면 대략 넓이는 3의 제곱인 9배로 늘어나므로 필요한 수비

선수는 9명의 9배인 81명이 되어야 합니다.

알겠습니다. 존경하는 재판장님. 저의 변론은 증인의 마지막 얘기, 즉 달에서는 81명이 수비를 해야 한다는 것으로 대신하겠습니다.

판결합니다. 원고 측 증인의 말처럼 달과 같이 공기가 없는 곳에서 야구를 하기 위해서는 지구에서와는 다른 규칙이 적용되어야 한다는 것을 인정합니다. 그러므로 앞으로 달 야구장의 펜스 거리는 지구의 세 배로 하고 달에서의 야구 경기에는 수비수를 81명으로 할 것을 판결합니다.

그 후 태양계 리그가 다시 시작되었고 달에서 경기가 열릴 때에는 81명의 수비수가 수비를 하는 웃지 못할 장면이 연출되었다.

달과 태양

지구에서 달까지는 얼마나 걸리죠?

달은 지구에서 가장 가까운 지구의 하나밖에 없는 위성이죠. 지구에서 달까지의 거리는 38만 킬로미터, 그러니까 지구를 9바퀴 반 돈 거리입니다. 이 거리가 어느 정도인지 잘 모르겠다고요? 자전거를 타고 가면 3년쯤 걸리고 자동차로는 반년쯤 걸리는 거리죠. 하지만 로켓으로는 10시간 정도면 갈 수 있는 거리예요.

그럼 달까지 가장 빨리 가는 것은 무엇일까요? 그것은 바로 빛이에요. 빛이 달까지 가는데는 1.3초밖에 안 걸리니까요.

달은 중력이 작죠

달은 지름이 약 3,500킬로미터이고 질량은 지구의 0.012배로 아주 작죠.

달의 중력은 지구의 6분의 1입니다. 그러니까 지구에서 60kg인 사람이 달에 가서 몸무게를 재면 체중계가 10kg을 가리키죠.

달에서는 중력이 작으므로 지구에서보다 높이 뛰어오를 수

있습니다. 또한 멀리뛰기를 해도 지구에서보다 더 멀리 뛸 수 있습니다.

또 달에서는 누구나 천하장사가 됩니다. 무거운 것을 쉽게 들어 올릴 수 있으니까요.

달에 대기가 없는 것도 바로 중력이 작기 때문이죠. 지구는 중력이 크니까 산소와 질소 같은 공기를 붙잡아 둘 수 있습니다. 하지만 달은 중력이 작아 이런 기체들을 붙잡을 수 없는 것이지요.

달은 왜 곰보투성이죠?

달에는 왜 운석 구덩이가 많을까요? 반면 지구에는 왜 운석 구덩이가 별로 없을까요? 그 이유는 바로 공기 때문입니다. 달에는 공기가 없어 운석과 충돌하면 많은 자국이 생깁니다. 예를 들어 케이크에 종이를 꾸겨서 만든 공을 던져 봅시다.

달에는 공기가 없어서 운석들이 빠른 속도로 달 표면과 충돌합니다. 그래서 그 충격으로 달에 커다란 운석 구덩이가 많이 생깁니다.

달에는 공기가 없어서 운석과 충돌하면 많은 자국이 생깁니다.

그럼 지구에는 왜 운석 구덩이가 별로 없을까요? 지구는 두꺼운 공기에 둘러싸여 있고 이것을 대기라고 부릅니다. 운석이 지구의 대기와 부딪치면 마찰에 의해 높은 열이 생기고, 그 열 때문에 운석은 타 버립니다. 그래서 지구에는 운석이 거의 떨어지지 않는 것입니다.

이번에는 종이 공을 태워서 케이크 위에 떨어뜨려 보죠. 그럼 종이 공은 재가 되어 케이크 위에 떨어집니다. 그러면 케이크 위에는 충돌 자국이 생기지 않겠지요.

운석이 지구와 부딪쳐 생긴 열에
운석이 타 버리면 흔적이 남지 않습니다.

달의 하루와 일 년

달이 지구 주위를 한 바퀴 도는 데 걸리는 시간을 달의 1년이라고 부르고 달이 스스로 한 바퀴를 도는 데 걸리는 시간을 달의 하루라고 부릅니다. 그런데 달은 1년과 하루가 27일 7시간 43분으로 정확히 일치합니다. 그래서 지구에서 보면 달은 항상 같은 면만 보이게 됩니다.

그런데 이런 달이 보이지 않을 때가 있습니다. 바로 월식이라고 하는 현상이지요. 월식은 달이 지구의 그림자에 들어가서 태양 빛을 받지 못해 안 보이게 되는 현상을 말합니다.

태양까지의 거리

태양은 태양계의 유일한 별이죠. 태양까지의 거리는 1억 5천만 킬로미터, 그러니까 사람이 쉬지 않고 걸어가면 4000년이 걸리고, 자동차로는 100년 이상이 걸리며, 우주에서 가장 빠른 빛도 8분 19초가 걸립니다. 태양까지의 거리를 1AU라고 합니다. 그러니까 태양에서 2배 거리는 2AU로 나타내면 되겠죠?

태양은 얼마나 큰가?

태양의 지름은 지구의 109배이고 질량은 지구의 약 33만 배이고 중력은 지구의 28배입니다. 그러니까 태양 속에는 지구가 130만 개나 들어갈 수 있는 셈이죠.

태양에 대해 좀 더 알아보기

태양의 표면 온도는 6,000도이고 가장 뜨거운 중심핵의 온도는 1,500만 도나 됩니다. 태양의 표면을 광구라고 하는데 광구에는 주위보다 온도가 1000도 정도 낮아 어둡게 보이는 흑점이 있습니다. 흑점은 지구의 수십 배에서 수백 배 크기이며, 11년을 주기로 흑점의 개수는 많아졌다 적어졌다를 반복합니다.

광구를 자세히 들여다보면 쌀알을 뿌려 놓은 것 같은 무늬를 볼 수 있을 것입니다. 이것을 쌀알 무늬라고 하며, 쌀알 하나의 지름은 700내지 1,000km 정도입니다.

이번에는 태양의 대기에 대해 알아볼까요? 태양의 대기는 채층과 채층의 외부에 있는 코로나로 이루어져 있습니다. 채층이란 태양의 광구와 상층 대기인 코로나 사이의 대기층을

말합니다. 코로나는 전기를 띤 입자를 초속 4~5킬로미터로 지구에 날려 보내는 태양풍을 일으키며 이 입자들은 보통 4일 만에 지구에 도착합니다. 우리는 보통 개기일식 때 코로나를 관찰할 수 있지요. 태양의 활동이 왕성해지면 태양 표면에서 큰 폭발이 일어나는데 이것을 플레어라고 합니다. 플레어가 발생되면 태양풍이 전기를 띤 입자를 코로나를 통해 지구로 날려 보냅니다. 이런 태양풍은 지구에 통신 장애를 일으킵니다. 또한 이렇게 지구로 날아든 입자가 지구의 위쪽 대기와 부딪치면서 빛을 내는데 그것이 바로 오로라 현상입니다.

태양은 왜 빛나나요?

태양은 왜 빛을 낼까요? 바로 핵융합 때문입니다. 태양은 처음에는 수소로만 이루어져 있었습니다. 그런데 이들 수소 4개가 달라붙어 헬륨을 만들어 냈죠. 이렇게 핵들이 달라붙어 새로운 핵을 만드는 것을 핵융합이라고 하는데 이때 큰 에너지가 발생합니다. 그 에너지 때문에 태양이 빛을 내고 뜨거운 열을 지닐 수 있는 것입니다.

제3장

수성과 금성에 관한 사건

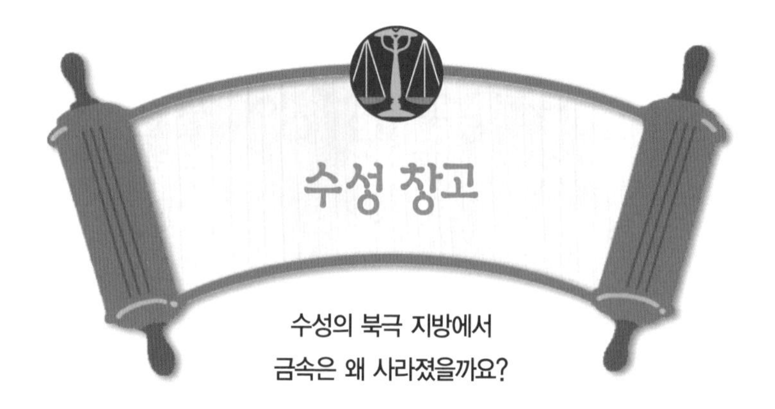

사건 속으로

태양에서 가장 가까운 행성에 수성공화국이 있다. 수성은 한낮이면 온도가 500도 가까이 올라가기 때문에 높은 온도에도 잘 견디는 세라믹 유리로 된 고강도 캡슐 시티인 머큐리 시티가 건설되었다.

수성공화국으로 이주한 사람들은 수성의 지리적인 조건을 최대한 살려 다른 행성공화국들과 거래를 하고자 했다.

수성은 대기가 거의 없어 금속이 녹슬지 않아 지구처

럼 금속이 공기 중에서 잘 녹스는 행성의 금속을 보관해 주는 금속 창고 사업이 제격이라고 생각했다. 그리하여 수성공화국은 이 사업을 본격적으로 추진하고 창고가 지어질 장소로 수성의 북극 지방을 선택했다.

지구공화국과 거래를 마치고 상당량의 금속들이 지구로부터 수성으로 날아와 북극에 쌓이게 되었다.

그런데 얼마 후 지구공화국으로 금속을 가지고 가려고 창고를 열자 놀랍게도 보관된 금속이 모두 사라지고 없는 것이 아닌가!

이에 지구공화국에서는 수성공화국에서 금속들을 모두 빼돌렸다며 수성공화국을 지구법정에 고소했다.

수성의 북극 지방에 있는 황산이 금속과 반응하면
금속이 모두 녹아서 사라져 버리게 됩니다.

여기는 지구 법정

수성의 북극 지방에 있던 금속들은 어디로 사라졌을까요? 지구법정에서 알아봅시다.

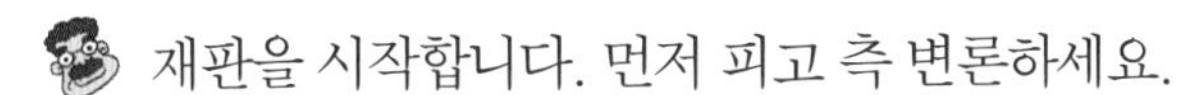

재판을 시작합니다. 먼저 피고 측 변론하세요.

멀쩡히 있었던 금속들이 어떻게 모두 감쪽같이 사라질 수 있습니까? 이건 분명히 지구공화국이 선수쳐서 금속들을 빼돌린게 틀림없습니다. 지구공화국! 정말 안 되겠네?

지금 개인기 한 겁니까?

개인기 안 되겠네?

정말 재판이 갈수록 이상해지는군! 더 들을 게 없어. 그럼 원고 측 변론하세요.

수성 연구소의 이수성 박사를 증인으로 요청합니다.

기름이 좔좔 흐르는 흰머리의 40대 남자가 증인석에 앉았다.

왜 수성의 북극에서 금속들이 감쪽같이 사라진 거죠?

수성 북극 지방만의 특징 때문이지요.

어떤 특징이죠?

지구의 북극과 남극은 얼음(물의 고체 상태)으로 이

루어져 있습니다. 하지만 수성의 북극에 얼음산처럼 보이는 것은 얼음이 아니라 고체 상태의 황산입니다.

황산이라면 모든 것을 다 녹인다는?

그렇습니다. 특히 황산은 금속과 반응을 하지요. 금속과 황산이 반응하면 금속은 녹아 버리고 수소 기체가 발생합니다.

그럼 금속이 녹스는 것보다 더 안 좋은 결과가 벌어진 셈이군요?

그렇습니다. 대부분의 금속은 이런 강한 산에 모두 녹아 버리니까요.

그렇군요. 이번 사건은 수성공화국에서 창고의 위치를 잘못 정한 데서 비롯된 것입니다. 그러므로 이번 사건에 책임을 지고 수성공화국은 지구공화국에 금속의 값을 모두 지불해야 한다고 생각합니다.

판결합니다. 자신이 사는 공화국의 특징을 잘 알지 못하고 이런 창고 사업을 벌인다는 것은 신중하지 못한 행동이라는 생각이 듭니다. 그러므로 원고 측의 요구대로 수성공화국은 지구공화국에 북극에서 녹아버린 금속의 값을 모두 지불할 것을 판결합니다.

재판이 끝난 후 수성공화국의 북극에 있던 금속 저장 창고는 사라졌다. 그리고 수성의 적도 근방에 있는 칼로리스 분지에 새로운 금속 저장 창고가 만들어졌다.

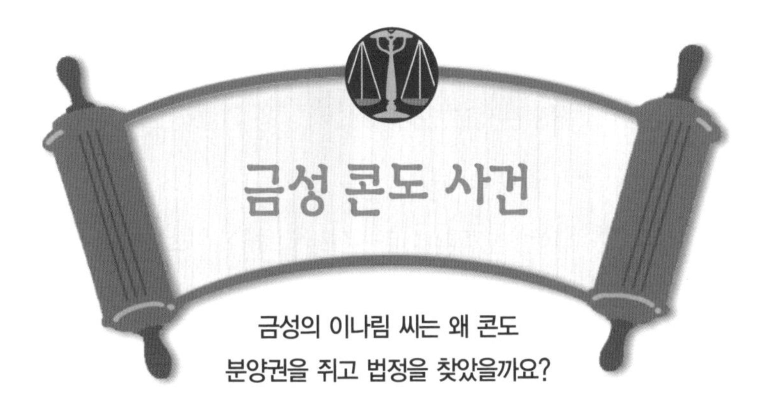

사건 속으로

금성은 노란 구름이 인상적인 아름다운 행성이다. 태양계 공화국 중 가장 뜨거운 행성인 금성에는 아름다운 비너스 시티가 있다.

어느 날 비너스 시티에서는 금성에 많은 콘도를 지어 다른 행성 사람들이 놀러와 금성의 아름다움을 만끽할 수 있게 하자는 아이디어를 냈다.

아름다운 금성의 사진들과 함께 금성 콘도 광고는 태양계 방송을 통해 전 행성들의 공화국과 위성공화국에 알려

졌고, 이를 본 많은 사람들이 금성 콘도를 분양 받으려 몰려들었다.

지구 과학공화국에 사는 이나림 씨와 달 위성국에 사는 소수림 씨는 친구 사이로, 그들은 서로 스페이스 메일을 주고받으며 함께 금성 콘도를 분양 신청하기로 결심했다.

금성 콘도 분양권은 두 종류였는데 하나는 금성 1일권이고 다른 하나는 금성 1년권이었다. 소수림 씨에 비해 가난한 형편의 이나림 씨는 금성 1일권을 신청했고, 소수림 씨는 금성 1년권을 신청했다.

그런데 요금이 이상했다. 금성 1년권을 신청한 소수림 씨가 지불해야 하는 요금이 금성 1일권을 신청한 이나림씨가 지불해야 하는 요금보다 더 쌌던 것이었다.

이에 화가 난 이나림 씨는 금성 콘도 분양 사무소를 지구법정에 고소했다.

금성은 아주 느리게 자전을 하는 행성입니다.

그래서 금성의 1일은 1년보다 길지요.

여기는 지구 법정	어떻게 1년 분양권이 1일 분양권보다 쌀 수가 있을까요? 지구법정에서 알아봅시다.

지구짱 판사

지치 변호사

어쓰 변호사

재판을 시작하겠습니다. 원고 측 변론하세요.

하루가 모여 한 달이 되고, 한 달이 모여 일 년이 됩니다. 그러므로 일 년은 하루보다 긴 시간을 나타내지요. 콘도 이용권은 시간에 비례해야 하는 것이므로 1년권이 1일권보다 비싼 것이 정상입니다. 그러므로 이나림 씨의 주장은 일리가 있다고 생각합니다.

피고 측 변론하세요.

왜 이런 일이 일어났을까요?

지금 그걸 누구한테 묻는 거요? 내가 어찌 알겠소? 내가 생각해도 이 재판은 금성 콘도가 진 것 같은데…….

그렇지 않습니다. 모든 행성에는 자신들만의 1일과 1년이 있습니다.

그게 무슨 말이요?

행성이 팽이처럼 스스로 한 바퀴를 도는 것을 자전이라고 하고 행성이 태양의 주위를 한 바퀴 도는 것을 공전이라고 합니다. 지구의 경우는 24시간에 한

번 자전을 하고 이것을 지구의 1일이라고 부르지요. 또한 지구는 365일 걸려 태양 주위를 한 바퀴 돕니다. 이 시간을 지구의 공전주기 또는 지구의 1년이라고 부릅니다.

금성은 어떻게 되지요?

금성은 놀랍게도 1일이 1년보다 깁니다.

엥? 어찌 그런 일이?

금성은 아주 느리게 자전을 하는 행성입니다. 그래서 자전을 하는데 지구 시간으로 243일이 걸리고 태양 주위를 한 바퀴 도는 데는 225일 걸립니다.

우와! 신기한 행성도 다 있군! 좋아요. 이제 사건은 명확해졌군요. 우리의 상식을 뛰어넘는 아주 지루한 하루를 가지고 있는 금성의 입장을 우리가 몰랐던 것 같습니다. 피고 측 변호사의 주장대로 지구 시간과는 달리 금성의 하루는 일 년보다 길기 때문에 이번 금성 콘도 사무소는 공정하게 일을 처리한 것으로 인정합니다. 그러므로 원고 측의 고소를 기각합니다.

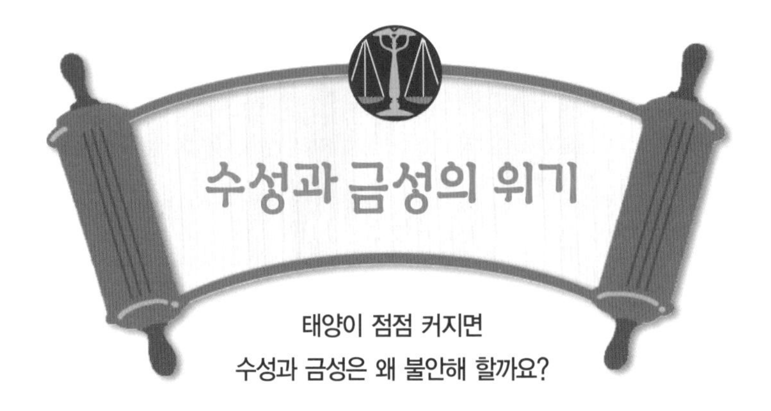

수성과 금성의 위기

태양이 점점 커지면
수성과 금성은 왜 불안해 할까요?

사건 속으로

태양계 연합에서 천문학으로 가장 유명한 대학인 솔라리지 대학은 그 메인 캠퍼스가 지구 과학공화국에 있고 여러 분교들이 다른 많은 행성공화국과 위성국에 흩어져 있다.

이 대학의 총장이자 천문학과 교수인 한태양 박사는 최근 태양의 미래에 대한 연구 결과를 발표했다. 그 연구 결과에 따르면 태양은 현재 자신의 수명 절반을 살았으며 점점 커지고 있는 중이라는 것이었다.

그러자 수성공화국과 금성공화국처럼 태양에 가까이 붙어 있는 곳에서는 위기감이 감돌았다. 그것은 태양이 점점 커지면서 자신들의 삶의 터전이 태양의 불구덩이 속으로 들어갈지도 모른다는 생각에서였다.

그리하여 이들 공화국 국민들은 밤낮으로 대책을 논의했으며 그 결과 국민투표를 거쳐 보다 안전한 행성으로 이주하기로 결정했다. 그리고 그 이주 계획을 태양계 연합에서 추진해 달라고 부탁했다.

하지만 태양계 연합은 이들 공화국의 의견을 묵살했고 이에 더 큰 위기감을 느낀 수성과 금성 두 공화국은 태양계 연합을 지구법정에 고소했다.

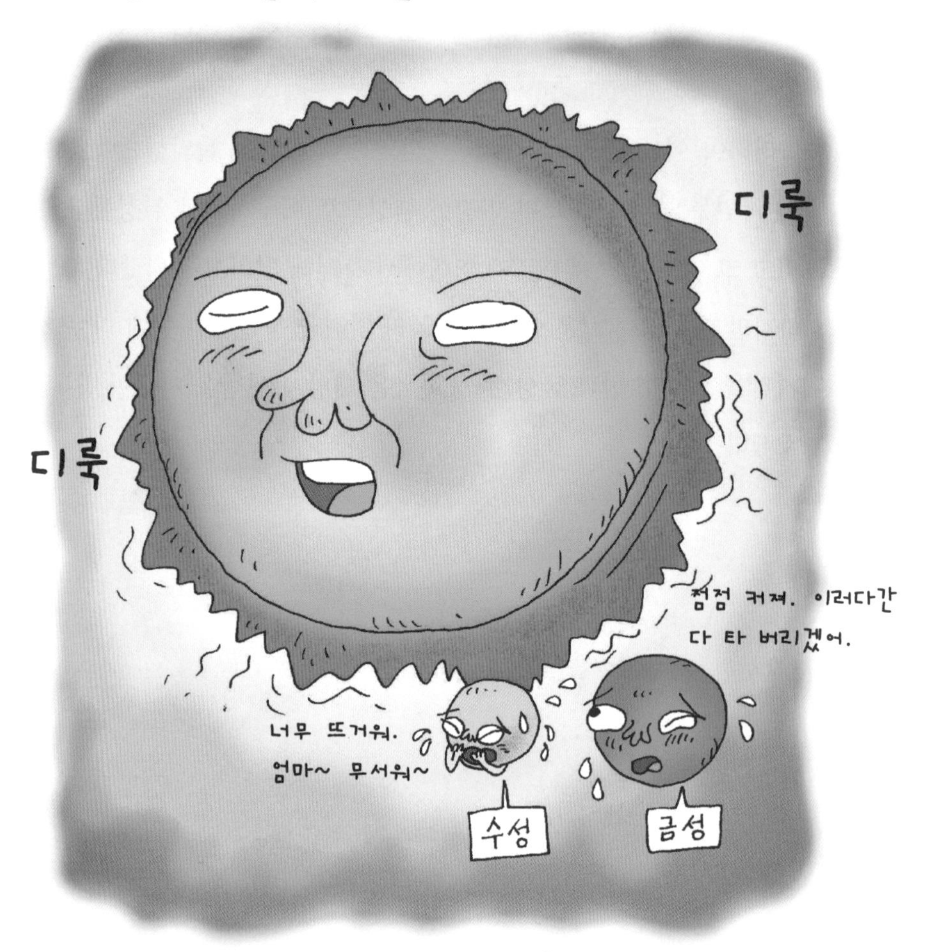

100억 살의 수명 중 50억 살을 산 태양은 40억 년 뒤에는
붉은 거성이 되어 수성과 금성을 먹어치우게 됩니다.

여기는 지구법정

미래에는 수성과 금성이 사라질까요?
지구법정에서 알아봅시다.

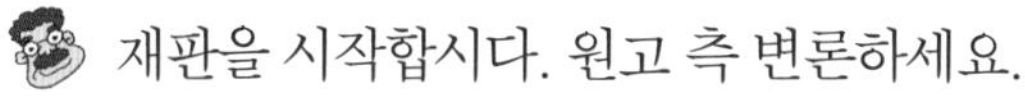

재판을 시작합시다. 원고 측 변론하세요.

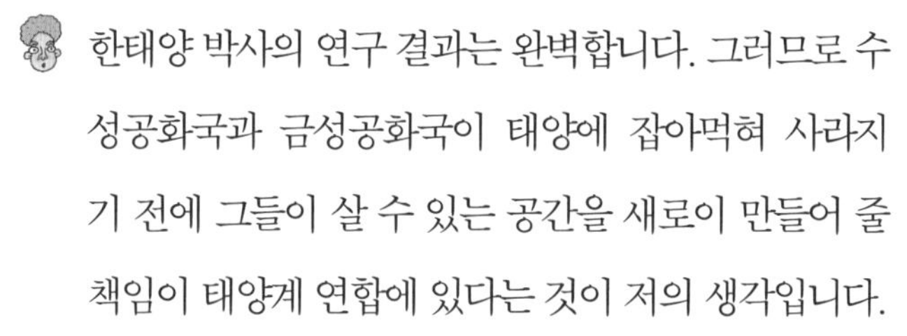

한태양 박사의 연구 결과는 완벽합니다. 그러므로 수성공화국과 금성공화국이 태양에 잡아먹혀 사라지기 전에 그들이 살 수 있는 공간을 새로이 만들어 줄 책임이 태양계 연합에 있다는 것이 저의 생각입니다.

…… 원고 측. 뭔가 더 준비해 온 건 없소?

없습니다.

헉! 피고 측 변론하시오.

별의 진화를 연구하는 성진화 박사를 증인으로 요청합니다.

긴 머리를 두 갈래로 곱게 딴 검은 안경을 쓴 30대의 여자가 증인석에 앉았다.

태양이 점점 커진다는 것이 사실입니까?

그렇습니다. 태양을 비롯한 모든 별들은 점점 커집니다.

그렇다면 원고 측의 주장대로 수성과 금성 공화국

이 이주를 해야 하나요?

아직은 그럴 필요가 없습니다.

점점 커지면 수성부터 태양의 불구덩이에 들어갈 것 아닙니까?

물론 언젠가는 그렇게 되겠죠. 하지만 그것은 40억 년 뒤의 일입니다. 그러므로 지금 걱정할 필요가 없습니다.

그게 무슨 말이죠?

모든 별들은 자기 수명의 90%에 해당하는 기간 동안 점점 커져서 가장 커졌을 때 커다란 붉은 별이 됩니다. 이 별을 붉은 거성이라고 하는데 모든 별은 붉은 거성 때가 최고로 큽니다.

그럼 태양은 언제 붉은 거성이 되죠?

태양의 수명은 100억 살입니다. 그런데 지금까지 50억 살을 살았으므로 남은 수명은 50억 살입니다. 그리고 자기 인생의 90%를 살았을 때 붉은 거성이 되므로 태양은 앞으로 40억 년 뒤에 붉은 거성이 되어 최대 크기가 됩니다. 그 때 수성과 금성을 먹어치우게 되는 거지요.

그렇군요. 지금 걱정할 필요는 없군요. 존경하는 재판장님. 40억 년 뒤의 일을 지금 법정에서 다룬다는 것은 시간 낭비라고 생각합니다.

맞아요. 우리 중 그때까지 살아 있을 사람은 없으니까요. 이번 재판은 없던 것으로 하되 39억 9999만 9995년 후에 수성과 금성의 이주 문제를 다시 논의하는 것으로 회의록에 기록해 두는 것이 좋겠습니다.

수성과 금성

수성

수성의 지름은 지구 지름의 0.38배 정도이고, 질량은 지구의 0.055배 정도입니다.

하루와 1년이 큰 차이가 있는 지구와는 달리 수성의 1년은 88일이고, 하루는 59일입니다. 하루와 1년이 비슷하죠.

수성은 태양에서 가깝기 때문에 빨갛게 달아오른 바위들이 많이 보이고 특히 표면에는 철이 많습니다.

태양에서 제일 가까운 행성인 수성에서는 제일 큰 태양을 볼 수 있습니다. 이곳에서는 지구에서보다 태양이 세 배 정도 더 크게 보인답니다.

수성의 중력은 지구의 절반이므로 지구에서보다 2배 높은 곳까지 뛰어오를 수 있습니다. 그리고 희박하지만 대기도 있답니다. 수성의 대기는 주로 헬륨, 나트륨, 칼륨 등으로 이루어져 있습니다.

금성

금성은 지름이 지구의 0.95배입니다. 지구랑 거의 비슷하군

요. 금성은 태양계의 행성 중 크기가 지구와 가장 비슷한 행성입니다. 금성의 질량 또한 지구의 0.815배로 거의 지구와 비슷하군요.

금성의 1년은 225일이고, 하루는 243일입니다. 어랏! 하루가 1년보다 길군요.

여기서 문제! 금성과 수성 중 어느 곳이 더 뜨거울까요?

얼핏 생각하면 수성이 태양에 가까우니까 수성이 더 뜨거울 것 같지만 사실 태양계에서 가장 뜨거운 행성은 금성입니다. 왜냐고요? 그것은 금성의 대기 때문입니다. 금성은 이산화탄소로 이루어진 두꺼운 대기를 가지고 있죠. 이산화탄소가 금성 표면의 열이 빠져나가는 것을 막아 주므로 금성의 낮은 수성의 낮보다 더 덥습니다. 그래서 금성의 낮 기온은 자그마치 480도나 된답니다.

금성은 대기가 두껍기 때문에 운석과의 충돌이 거의 없습니다. 그래서 금성에는 분화구가 별로 없지요.

그리고 태양계의 다른 행성들이 지구와 같은 방향으로 자전하는데 반해 금성은 지구와 반대 방향으로 자전한답니다.

온실효과

이산화탄소는 태양열이 밖으로 나가는 것을 막아 줍니다. 그러므로 이산화탄소가 대기를 덮고 있는 행성은 점점 뜨거워지게 되는데 이것을 온실효과라고 합니다.

지구에서도 자동차나 공장에서 뿜어 내는 이산화탄소가 하늘로 올라갑니다. 그럼 지구도 점점 더워지겠군요. 그런데 지구에는 식물들이 있죠. 식물들은 이산화탄소를 먹고 산소를 내뱉습니다.

그러나 우리가 개발을 한다는 이유로 식물들을 많이 죽이면 우리의 대기에도 이산화탄소의 양이 많아지고 지구의 기온이 점점 올라가게 됩니다. 이러한 현상을 지구 온난화 현상이라고 합니다.

지구 온난화를 막기 위해서는 산에 나무를 많이 심어야겠죠. 그리고 우리 주위가 식물들로 가득 찰 수 있도록 아름다운 환경을 만드는 데 힘써야겠죠? 그래야 아름다운 지구를 우리 후손들에게 물려줄 수 있을 테니까요.

이산화탄소가 대기를 덮고 있는 지구는 점점 기온이 올라갑니다.

제4장

화성에 관한 사건

화성과 드라이아이스_고스타의 화성 공연

고스타 씨는 왜 드라이아이스 산에서 공연을 하지 못했을까요?

화성의 자기장_화성 나침반

이개척 씨는 왜 나침반을 들고 화성 일주를 하다 길을 잃었을까요?

화성의 위성_포보스와 데이모스

화성공화국의 위성 포보스와 데이모스 중 누가 위성국 지원 특별금을 받게 될까요?

보데의 법칙_새털리 박사의 수열

'새털리 박사의 공식' 이 해왕성 때문에 '새털리의 추측' 이 된 까닭은 무엇일까요?

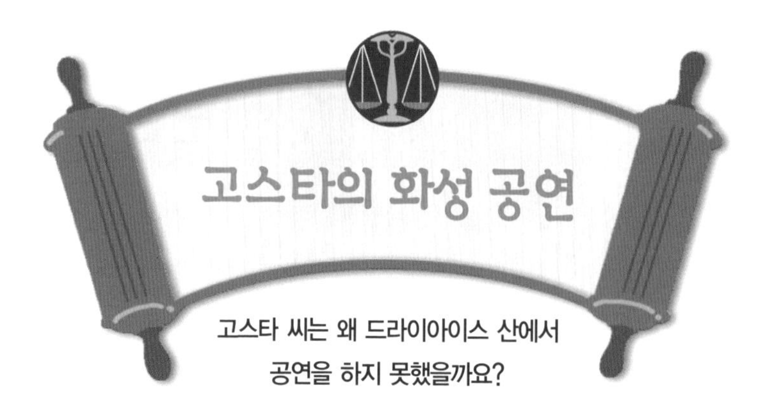

고스타 씨는 왜 드라이아이스 산에서
공연을 하지 못했을까요?

사건 속으로

태양계의 별로 떠오르는 가수 고스타 씨는 무대 위의 화려함과 조명을 매우 중요하게 여겨 줄곧 그런 무대에서만 공연을 해 왔다. 그런 고스타 씨의 공연을 보기 위해서 모든 공화국들은 최상의 장비와 최고의 무대를 준비하고 그를 기다렸다.

목성에서는 태양계의 보석인 고리 행성에서 고스타가 공연할 수 있도록 준비 중이었고, 지구에서는 위성과 다른 행성을 이어 우주 한가운데에서 공연을 할 수 있도록 준비하고 있었다.

무엇보다 가장 관심을 끈 곳은 지상 최대의 드라이아이스 쇼를 준비 중인 화성이었다. 태양계 연합 최고의 가수들이 한자리에 모인 공연에서 고스타 씨를 하이라이트로 세우는 것이 추진되었고, 고스타 씨가 승낙하자 태양계 모든 신문의 톱 기삿거리가 되었다.

고스타 드디어 공연하다!
SOLAR 3001

공연의 무대는 화성 북극의 드라이아이스 산. 각 행성과 공화국의 톱 가수들이 공연을 하고 그 마지막을 고스타 씨가 멋지게 장식하는 것으로 공연은 짜여졌다. 그야말로 지상 최대의 공연과 지상 최대의 드라이아이스 무대로 이뤄질 뮤직 쇼였다.

쇼를 보기 위해 몰려든 관광객으로 화성 전체는 축제의 마당이 되었다. 당일 아침 가수들이 각국의 위성을 타고 화성에 도착해 리허설을 하기 시작했다.

"윽! 이게 뭐야 내 발이 검게 타 버렸어!"

모든 가수가 한자리에 모여 첫 공연을 연습하는 순간 드라이아이스 산에 모인 사람들이 웅성거리기 시작했다.

"WHAT? 내가 기대한 그 무대는 어디 있는 거야? 드라이아이스 연기는 왜 안 나오는 거야?"

고스타 씨의 목소리였다. 진땀을 흘리며 손을 모으고 어쩔 줄 모르는 공연 기획자들은 하나 둘 자리를 피하고, 시간과 돈을 들여 공연을 보기 위해 온 팬들을 뒤로 하고 고스타 씨와 가수들은 돌아서야만 했다. 발에 화상을 입어 다른 공연도 못하게 된 각국의 가수들과 고스타 씨의 기획사에서는 화성 문화관광부를 지구법정에 고소했다.

드라이아이스에서 나오는 김은 주위를 돌아다니던 수증기가
드라이아이스에 부딪히면서 온도가 내려가 생긴 물방울들입니다.

여기는 지구 법정

화성의 드라이아이스 공연은 왜 실패했나요?
지구법정에서 알아봅시다.

지구짱 판사

지치 변호사

어쓰 변호사

재판을 시작하겠습니다. 피고 측 변론하세요.

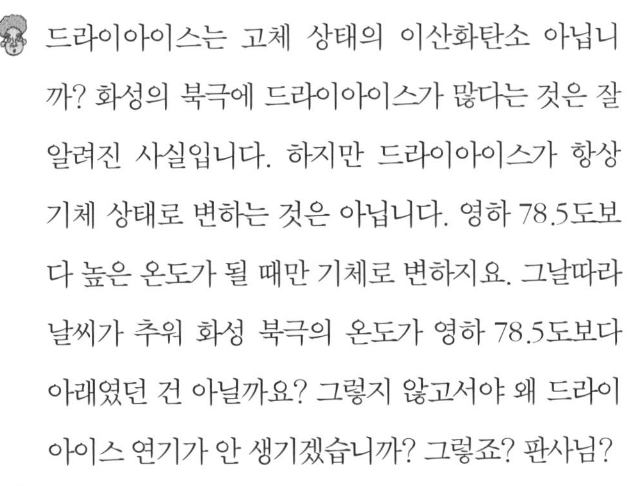
드라이아이스는 고체 상태의 이산화탄소 아닙니까? 화성의 북극에 드라이아이스가 많다는 것은 잘 알려진 사실입니다. 하지만 드라이아이스가 항상 기체 상태로 변하는 것은 아닙니다. 영하 78.5도보다 높은 온도가 될 때만 기체로 변하지요. 그날따라 날씨가 추워 화성 북극의 온도가 영하 78.5도보다 아래였던 건 아닐까요? 그렇지 않고서야 왜 드라이아이스 연기가 안 생기겠습니까? 그렇죠? 판사님?

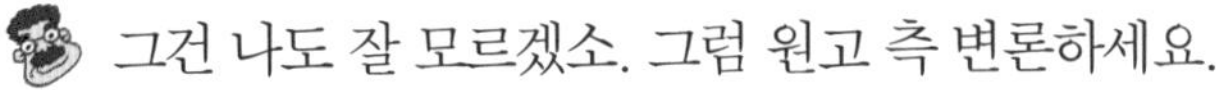
그건 나도 잘 모르겠소. 그럼 원고 측 변론하세요.

그날 화성 북극의 기온은 영하 5도 정도였습니다. 이 정도의 온도라면 드라이아이스는 기체 이산화탄소로 변하게 되어 있지요.

근데 왜 김이 모락모락 피어오르지 않은 거지? 이상하잖아?

우리가 김이라고 부르는 것은 수증기가 아니라 물방울입니다.

물방울이라고?

그렇습니다. 수증기는 물의 기체 상태인데 우리 눈으로 볼 수 없습니다.

그렇군! 그럼 드라이아이스 문제로 다시 넘어가서 왜 김이 안 생긴 거야?

판사님, 지구의 공기에는 수증기가 많이 포함되어 있습니다. 우리가 드라이아이스를 꺼내면 그것이 기체 이산화탄소가 되면서 김이 만들어지는 걸로 알고 있는 데 그건 사실이 아닙니다.

그게 무슨 말이지?

이산화탄소는 우리 눈에 보이지 않는 기체입니다.

그럼 우리가 뭘 본 거지?

드라이아이스의 온도가 영하 78.5도라고 했습니다. 엄청 차갑지요. 그러므로 드라이아이스를 꺼내면 주위에 돌아다니던 수증기가 드라이아이스에 부딪치면서 온도가 내려가 물방울이 되어 그 주변에 김이 서리는 것입니다. 우리가 보는 것은 바로 그 김입니다.

그럼 왜 화성의 드라이아이스는 김이 안 서리는 거지?

화성의 대기에는 수증기가 없기 때문이지요. 물론 화성의 드라이아이스도 온도가 올라가면 이산화탄소로 변합니다. 하지만 주위에 우리가 눈으로 볼 수 있는 물방울의 김이 만들어지지 않으므로 눈에 보이는 것이 아무것도 없는 것이지요.

그동안 우리가 잘못 알았군! 난 가수들이 나올 때 생기는 하얀 연기가 이산화탄소인 줄 알았거든.

대부분 그렇게 알고 있지요.

좋아요. 판결은 간단하군요. 수증기가 없는 곳에서 드라이아이스만으로 무대 효과를 낼 수 없다는 것을 알게 되었어요. 그러므로 그런 사실을 모르고 공연 장소를 유치한 화성 문화관광부에서 고스타 씨 및 그의 기획사에 공연 실패에 대한 모든 책임을 지고 배상하는 것으로 판결하겠습니다.

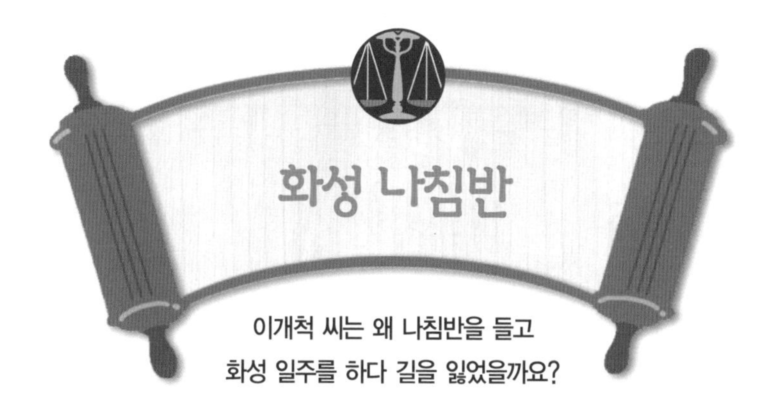

사건 속으로

화성의 마스 시티에 사는 지리 선생님 이개척 씨는 학교에서 불독이라고 소문이 날 정도로 아이들을 무섭게 다루고 성적이 안 나오면 화를 내는 사람이었다. 하지만 한편으론 아이들을 좋아하고 학생들을 어떻게 공부시켜야 할까 매일 고민하는 사람이었다.

이개척 씨는 화성에 지도가 없어 학생들이 다른 공화국의 지리와 관련된 시험에서는 100점을 받다가 화성공화국의 지리 시험에서는 30점을 받는 것이 안타까워 화성 일주를 하며 지도를 만들기로 작정하고 떠날 준비를 하였다.

'전국을 돌며 한곳 한곳을 찾으려면 나침반이 필요할 텐데…….'

고민하던 이개척 씨는 지구공화국의 스페이스 파크에 전화를 걸었다.

'따르르릉!'

"스페이스 파크입니다. 어떤 물건을 찾으세요?"

"여기는 화성의 마스 시티입니다. 최고급 나침반을 내일까지 배송해 주세요."

"30분 후에 도착할 것입니다. 빠른 배송으로 좋은 물건을 파는 저희 회사를 찾아주셔서 감사합니다."

30분 후 물건이 도착했고 탐사를 떠난 이개척 씨는 계속해서 북쪽을 가리키는 나침반을 따라 움직이다 어느 순간 자신이 마스 시티 안에서 자꾸 맴돌고 있는 것을 발견하게 되었고, 결국 지친 발을 이끌고 집으로 되돌아왔다.

나침반이 제대로 작동하지 않아 하루 종일 고생한 것에 화가 난 이개척 씨는 최고급 나침반 주식회사를 지구법정에 고소했다.

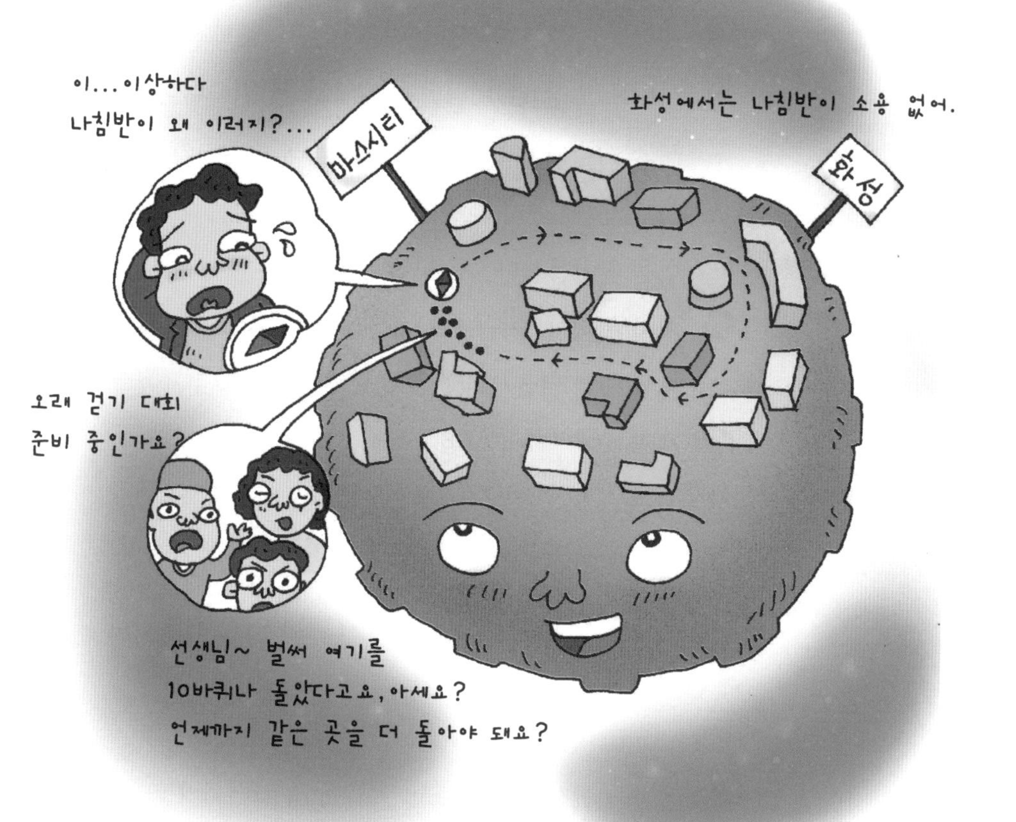

자기장이 없는 화성에서는
N극이 북쪽을 가리키는 지구의 나침반은 소용이 없지요.

여기는 지구 법정 | 화성에서 나침반은 제대로 작동할까요? 지구법정에서 알아봅시다.

 재판을 시작하겠습니다. 피고 측 변론하세요.

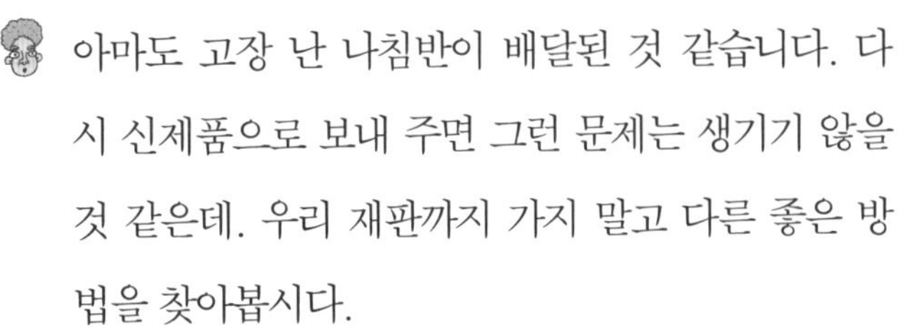

아마도 고장 난 나침반이 배달된 것 같습니다. 다시 신제품으로 보내 주면 그런 문제는 생기기 않을 것 같은데. 우리 재판까지 가지 말고 다른 좋은 방법을 찾아봅시다.

지치 변호사! 지금 뭐하자는 거요? 도대체 이 사람은 어떻게 변호사가 된 거야! 원고 측 변론하세요.

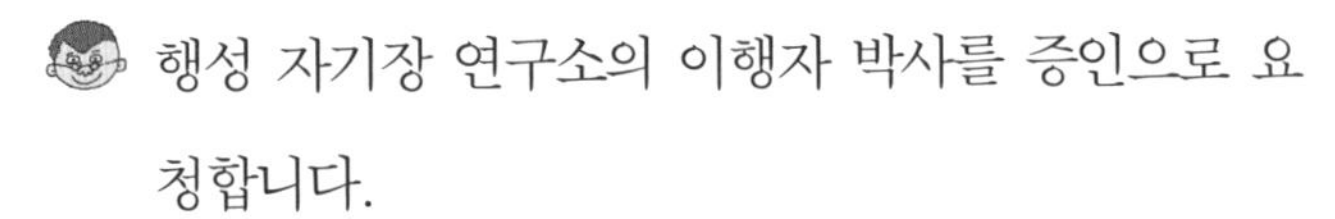

행성 자기장 연구소의 이행자 박사를 증인으로 요청합니다.

입가에 주름이 진 통통한 50대 후반의 여자가 증인석에 앉았다.

 행성 자기장 연구소는 뭘 하는 곳이죠?

 이름 그대로입니다. 각 행성의 자기장을 연구하는 곳이지요.

 자기장이란 무엇입니까?

 자석의 힘을 받는 공간을 말합니다.

좀 더 알기 쉽게 설명해 주시죠.

우리가 자석을 놓으면 주위의 철가루들이 가만히 있질 못하지요.

네. 자석에 빨려 들어가겠죠.

이것이 바로 자석이 만든 자기장입니다. 자석의 힘을 받는 공간이지요.

지구에는 자기장이 있습니까?

그렇습니다. 지구 내부에는 철과 니켈이 녹아 있는 액체 상태의 외핵이 있습니다. 철과 니켈은 모두 자석의 좋은 원료이지요. 이들 금속들이 액체가 되어 빙글빙글 돌게 되면 주변에 자기장이 만들어집니다. 지구에서 만들어지는 자기장은 북극 쪽이 S극이고 남극 쪽이 N극이 됩니다.

엇! 제가 알고 있는 것과 반대인데요? 지구의 나침반은 N극이 북쪽을 가리키잖소?

그건 바로 자기력이라는 힘 때문입니다. 자석은 두 개의 극을 가지고 있는데 반대 극끼리는 서로를 잡아당기는 힘이 작용하고 같은 극끼리는 밀치는 힘이 작용하지요.

아하! 그래서 지구의 북쪽이 나침반의 N극을 끌어당기는군요. 그런데 왜 화성에서는 나침반이 먹통인 거죠?

화성에는 자기장이 없기 때문입니다. 그러므로 나침반의 바늘을 잡아당기거나 밀칠 힘이 없지요. 그러므로 나침반의 N극이

군이 화성의 북쪽을 가리킬 필요가 없었던 것입니다.

그럼 이번 사건은 지구의 최고급 나침반 회사가 잘못한 거군요. 화성에서는 쓸 수 없는 나침반을 화성공화국에 팔았으니까요.

그래요. 이번 판결은 원고인 이개척 씨가 이긴 것으로 결론을 짓겠습니다. 피고인 최고급 나침반 회사는 원고 이개척 씨에게 그동안 사용한 여행 경비 일체와 정신적 위자료를 지급할 것을 판결합니다.

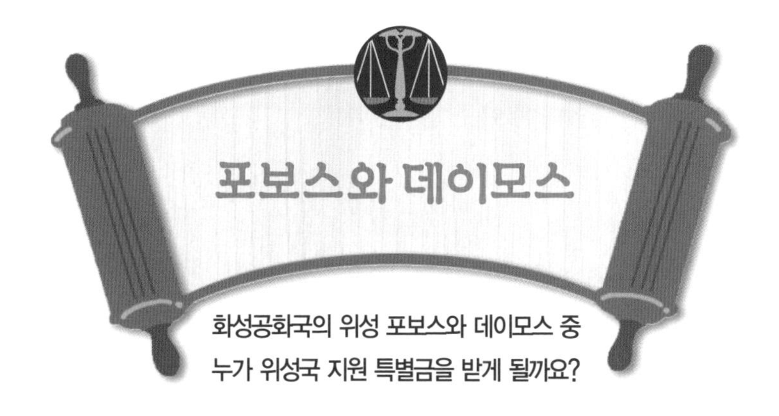

사건 속으로

태양계 연합에서는 여러 행성공화국 중에서 위성이 많은 순서대로 위성국 지원 특별금을 지원하기로 했다.

이 소식에 가장 기뻐한 것은 수십 개의 위성국을 거느리고 있는 토성공화국과 목성공화국이었다. 반면에 위성을 하나도 갖고 있지 않은 수성공화국과 금성공화국의 실망은 이만저만이 아니었다.

그러던 중 달 한 개를 위성으로 갖고 있는 지구 과학공화국이 '화성공화국의 위성인 데이모스와 포보스는 동그란 공 모양이 아니므로 이를 위성으로 볼 수 없다'고 주장하고 나섰다. 그러자 화성공화국에서는 데이모스와 포보스는 화성의 주위를 도는 위성이 틀림없다며 이를 반박했다.

그리하여 이 사건은 지구법정에서 다루어지게 되었다.

둥근 공 모양이 아니어도 행성의 주위를 빙글빙글 도는 천체는
위성이라고 부른답니다.

여기는 지구 법정

포보스와 데이모스는 위성일까요?
지구법정에서 알아봅시다.

 재판을 시작하겠습니다. 지구공화국 측 변호인 변론하세요.

 지구는 아주 위대한 행성입니다. 인류가 살기에 가장 적합한 조건을 갖춘 행성이기도 하고요. 이런 행성에 있는 공화국이 화성처럼 녹슨 철가루들만 쌓여 있는 행성보다 연합 지원금을 더 적게 받는다는 것은 있을 수 없는 일입니다. 화성공화국 측이 위성이라고 주장하는 데이모스와 포보스의 모양을 보십시오. 그게 어디 동그란 모양의 위성입니까? 못생긴 곰보 감자같이 생겼지요. 그런 건 위성이 아니라 떠돌아다니는 소행성 조각들입니다. 그러므로 화성은 위성이 없는 것으로 판결해 주십시오.

 이번에는 화성 측 얘기를 들어 봅시다.

 달이 뭡니까?

 지구 주위를 도는 것이지요.

 좀 더 넓게 생각해 주세요.

 그럼 지구 주위를 넓게 도는 건가?

 헉…….

그냥 당신이 설명하면 될걸…….

달은 다른 말로 위성이라고 하지요. 일단 태양처럼 스스로 빛과 열을 내는 천체를 별 또는 항성이라고 하고, 그 주위를 빙글빙글 도는 천체를 행성이라고 하며, 행성의 주위를 빙글빙글 도는 천체를 그 행성의 위성 또는 달이라고 부릅니다.

아! 그 얘기였소? 그게 이번 재판과 무슨 관계가 있지요?

데이모스와 포보스는 둥근 공 모양은 아니지만 화성의 주위를 빙글빙글 돌고 있는 천체임에는 틀림이 없습니다. 우리가 위성(달)을 정의할 때 위성의 모양이 반드시 동그란 공 모양이어야 한다고 명시하지는 않았으므로 데이모스와 포보스는 화성의 위성으로 인정되어야 한다는 것이 저의 주장입니다.

판결하겠습니다. 모양만 보고 판단하지 말고 그 기능을 보고 판단하는 것이 옳을 것 같습니다. 데이모스와 포보스가 비록 찌그러진 감자 모양으로 생겼지만 위성이 해야 할 일인 행성 주위를 도는 일을 하고 있으므로 이 두 천체를 화성의 위성으로 삼는 데 아무 문제가 없다고 생각하여 화성공화국의 손을 들어 주도록 하겠습니다.

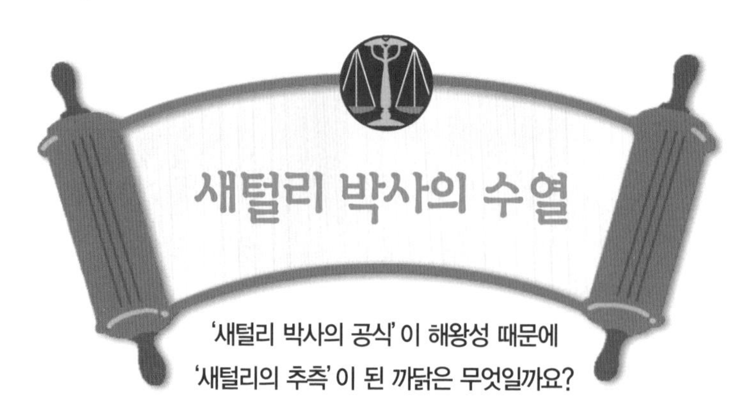

사건 속으로

지구 과학공화국의 행성 거리 연구소에 근무하는 새털리 박사는 최근 행성에 대한 연구를 시작했다.

그러던 중 그는 태양으로부터 각 행성까지의 거리를 간단한 수열로 나타낼 수 있다는 것을 알아냈다. 그리고 이 수열을 학회에서 발표했다.

"자, 태양에서부터 각 행성까지의 거리를 쉽게 알 수 있는 규칙을 소개하겠습니다. 다음 수열을 봅시다.

0, 3, 6, 12, 24, 48, 96, 192

이 수열에서 0을 빼고 3부터는 앞의 수에 2를 곱하면 그 다음 수가 나타납니다. 이 숫자들에 모두 4씩을 더해 봅시다.

4, 7, 10, 16, 28, 52, 100, 196

이 숫자들을 모두 10으로 나눕니다.

0.4, 0.7, 1, 1.6, 2.8, 5.2, 10, 19.6

이것이 바로 태양에서 각 행성까지의 거리들입니다. 즉 태양에서 지구까지의 거리를 1천문단위라고 할 때 수성, 금성, 지구, 화성까지의 거리는 다음과 같지요."

새털리 박사는 다음과 같은 표를 사람들에게 보여 주었다.

수성까지의 거리 = 0.4천문단위
금성까지의 거리 = 0.7천문단위
지구까지의 거리 = 1.0천문단위
화성까지의 거리 = 1.6천문단위

이 논문은 학계의 비상한 관심을 끌었다. 그리고 새털리 박사는 이 연구로 노벨 천문학상 수상자 후보에 오르게 되었다.

그런데 이 공식을 다른 행성에 적용해 보던 목성공화국 행성 거리 연구소의 목이랑 박사는 화성 다음의 행성인 목성이 이 수열을 따르지 않는다면서 새털리 박사의 공식은 행성까지의 거리를 일반적으로 나타낼 수 있는 공식이 아니라고 주장했다.

그리하여 목이랑 박사는 새털리 박사를 논문 위조 및 사기 혐의로 지구법정에 고소했다.

새털리 박사가 우연히 발견한 행성들까지의 거리를 나타내는
수열은 해왕성을 제외한 행성들에 적용된답니다.

여기는 지구 법정

목성은 왜 새털리 박사의 수열을 따르지 않을까요? 지구법정에서 알아봅시다.

재판을 시작합니다. 원고 측 변론하세요.

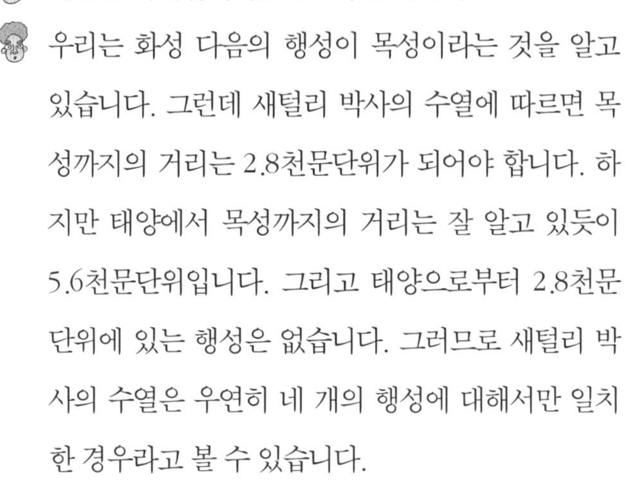

우리는 화성 다음의 행성이 목성이라는 것을 알고 있습니다. 그런데 새털리 박사의 수열에 따르면 목성까지의 거리는 2.8천문단위가 되어야 합니다. 하지만 태양에서 목성까지의 거리는 잘 알고 있듯이 5.6천문단위입니다. 그리고 태양으로부터 2.8천문단위에 있는 행성은 없습니다. 그러므로 새털리 박사의 수열은 우연히 네 개의 행성에 대해서만 일치한 경우라고 볼 수 있습니다.

피고 측 변론하세요.

새털리 박사를 증인으로 요청합니다.

하얀 티셔츠에 체크무늬 바지를 입은 50대의 잘생긴 남자가 증인석에 앉았다.

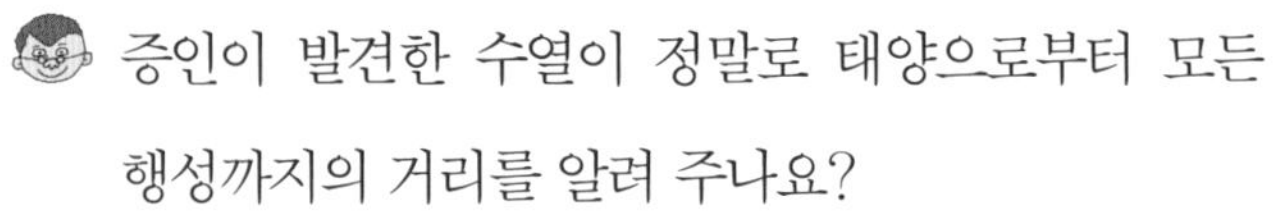

증인이 발견한 수열이 정말로 태양으로부터 모든 행성까지의 거리를 알려 주나요?

그렇습니다. 제 수열에 의하면 각 행성까지의 거리

는 다음과 같습니다.

수성까지의 거리 = 0.4천문단위

금성까지의 거리 = 0.7천문단위

지구까지의 거리 = 1.0천문단위

화성까지의 거리 = 1.6천문단위

소행성대까지의 거리 = 2.8천문단위

목성까지의 거리 = 5.2천문단위

토성까지의 거리 = 10.0천문단위

천왕성까지의 거리 = 19.6천문단위

어랏! 소행성이 뭐죠?

화성과 목성 사이에 있는 수천 개의 작은 천체를 말합니다.

그게 왜 행성이죠?

원래는 그 자리에 행성이 만들어지려다가 부서진 것입니다.

아하! 그래서 목성까지의 거리가 소행성까지 거리의 다음 순서가 되는군요.

그렇습니다.

그럼 해왕성은 왜 없죠?

이상하게도 해왕성은 이 수열을 따르지 않습니다. 예외 없는 규칙은 없지 않습니까?

하긴 그렇죠. 아무튼 대단한 규칙입니다. 존경하는 판사님. 이 정도로 잘 맞는 수열이라면 대단한 것 아닌가요? 그리고 원고 측에서 주장한 것처럼 사기도 아니고. 그러므로 저는 새털리 박사의 무죄를 주장합니다.

판결합니다. 물론 새털리 박사 자신도 왜 행성들까지의 거리가 이런 아름다운 수열을 따르는 것인지 정확히는 모릅니다. 그도 우연히 발견한 것이니까요. 하지만 이런 우연한 발견은 세밀한 관찰에서 시작되고, 그것은 훌륭한 과학자라면 해야 할 일일 것입니다. 그러므로 이 수열이 해왕성의 경우에는 맞지 않는다고 해도 다른 행성들에 대해서는 완벽하게 맞으므로 이 수열을 새털리의 공식 대신 새털리의 추측이라는 이름으로 인정할 것을 판결합니다.

결국 새털리 박사의 수열은 학계의 인정을 받았고 그때부터 학생들은 해왕성을 제외하고는 태양에서 행성까지의 거리를 일일이 외우지 않아도 되었다.

화성

화성의 크기

화성의 지름은 지구의 절반 정도이고 질량은 지구의 10분의 1 정도입니다. 따라서 화성의 중력은 지구의 5분의 2 정도로 작습니다.

화성 표면에는 녹슨 철이 많은데 화성의 중력이 작아 그 철가루가 하늘로 쉽게 올라가죠. 그래서 화성의 하늘빛은 핑크색입니다.

화성의 대기는 주로 이산화탄소이고 대기층이 얇습니다. 중력이 작아 많은 공기를 붙잡을 수 없어서 그런 거죠. 따라서 화성의 대기압은 지구의 100분의 1 정도밖에 되지 않습니다.

화성의 하루는 지구보다 41분 더 깁니다. 지구의 하루와 거의 비슷하군요. 화성의 1년은 687일로 지구의 두 배 정도입니다. 또한 화성도 지구처럼 자전축이 25도 기울어져 있으므로 화성에도 봄, 여름, 가을, 겨울이 있습니다. 화성은 1년의 길이가 지구의 두 배 정도이니까 여름방학도 지구보다 2배 길겠죠?

화성 표면의 모습

화성에도 분화구가 있습니다. 화성에 대기가 있긴 하지만 아주 얇기 때문에 운석들과 부딪칠 때 생긴 구덩이입니다. 화성의 분화구 중 큰 것은 지름이 500킬로미터나 되는 것도 있습니다.

화성에는 미국의 그랜드캐니언보다 커다란 협곡이 있습니다. 바로 마리넬리스 협곡인데 화성의 적도 바로 남쪽으로 3000킬로미터 길이와 8킬로미터 깊이로 뻗어 있습니다.

극관

망원경으로 화성을 보면 화성의 북쪽과 남쪽 끝에 하얗게 빛나는 부분이 보일 것입니다. 이 부분을 극관이라고 부릅니다. 극관은 겨울에는 커지고 가장 커졌을 때의 지름이 약 500킬로미터 정도입니다. 하지만 여름에는 망원경으로도 잘 보이지 않을 정도로 작아집니다.

화성의 극관은 대부분 고체 상태의 드라이아이스 결정으로 되어 있고 그 지하에는 얼음이 있을 것으로 여겨집니다. 극관

지하 속에는 녹으면 화성 표면을 깊이 10미터의 물로 뒤덮을 정도의 얼음이 묻혀 있습니다.

극관 속 얼음이 녹으면 화성 표면이
10m 정도의 물로 뒤덮이게 된답니다.

화성과 물

화성 표면에는 강물이 흘렀던 자국이 있습니다. 그럼 화성에는 과거에 물이 있었다는 말인가요?

그렇습니다. 지금은 지하에 얼음만 있지만 아주 먼 옛날에는 화산 폭발로 지금보다 대기가 훨씬 두꺼웠을 것이고 따라서 화성의 온도도 높아 액체 상태의 물이 있었을 것입니다. 하지만 화성의 중력이 작아 대기를 많이 붙잡아 둘 수 없었을 것입니다. 그래서 대기가 점점 얇아지면서 추워지기 시작했고, 그로 인해 강물이 얼게 되었을 것입니다. 만일 화성이 지구 정도의 중력을 가지고 있었다면 지금도 강물이 흘렀을 것입니다.

화성의 두 달

화성의 두 달 중 안쪽을 도는 포보스는 화성 표면에서 4960킬로미터 떨어져 있고, 7시간 40분에 한 번씩 화성을 한 바퀴 돕니다. 포보스보다 더 멀리 떨어져 있는 데이모스는 30시간에 한 번씩 화성을 한 바퀴 돕니다. 포보스의 지름은 약 28킬로미터이고, 데이모스는 약 16킬로미터 정도입니다.

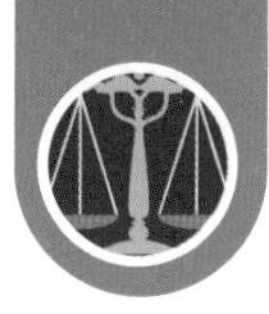

화성의 생명체

화성은 대기가 얇아 지구보다 춥습니다. 하지만 여름에는 지구의 봄 기온 정도가 됩니다.

아주 먼 옛날 화성에 물이 있고 대기가 두꺼워 따뜻했을 때는 화성에도 생명체가 있었을 것이라고 생각됩니다. 하지만 지금과 같이 춥고 이산화탄소로 뒤덮인 대기 속에서는 생명체가 살기 힘들겠지요.

1976년에 화성에 착륙한 바이킹 1, 2호는 화성의 흙 속에 미생물이 없다는 것을 알아냈고, 그 후 1997년 패스파인더호 역시 화성에서 생명체를 발견하지 못했습니다. 하지만 일부 생물학자들의 연구에 의하면 화성의 극관 속에 있는 얼음 안에는 미생물이 존재할지도 모릅니다. 조금 더 조사가 진행된다면 알 수 있겠죠.

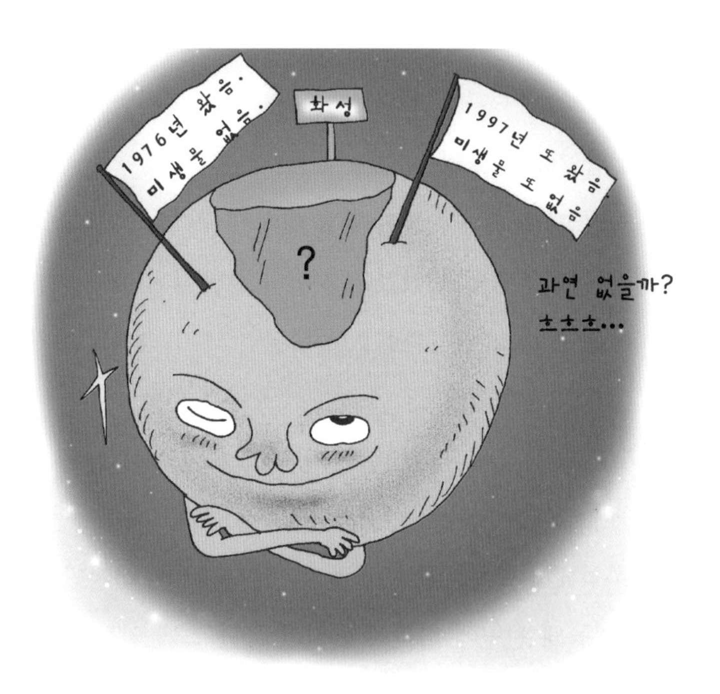

아직은 발견되지 않았지만, 화성의 극관 속 얼음 안에는
미생물이 존재할지도 모릅니다.

제5장

목성과 토성에 관한 사건

토성_고리 행성의 올림픽 유치

고리공화국들은 왜 목성공화국에 의해 올림픽 유치를 저지당했을까요?

목성의 위성_가니메데 위성국

목성의 위성국인 가니메데는 왜 행성이 되지 못할까요?

소행성_소행성대의 주인

화성과 목성이 소행성대를 두고 법정 다툼을 벌인 까닭은 무엇일까요?

목성의 중력_공짜로 우주여행을?

목성 궤도를 지나가는 로켓들이 목성을 고소한 까닭은 무엇일까요?

목성의 모습_목성의 초대형 태풍

관광객들이 안전한 목성의 북반구 여행에서 거대한 태풍을 만난 까닭은 무엇일까요?

토성의 위성_타이탄 위성국 여행

미개척 위성 타이탄의 관광 상품이 지구법정에 고소당한 까닭은 무엇일까요?

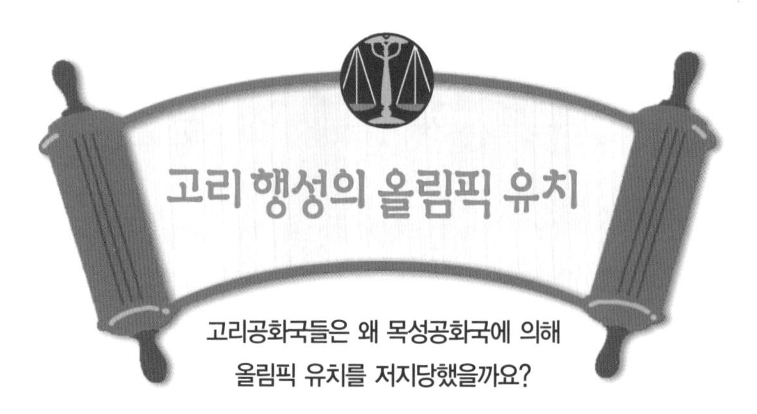

사건 속으로

태양계 공화국 연맹에서는 올림픽이 열릴 공화국 선정에 열을 올리고 있다.

여러 나라를 다니며 심사를 하는 가운데 행성계의 F4라 불리는 토성, 천왕성, 해왕성, 목성공화국 또한 앞 다투어 올림픽 유치를 위한 전략 구상에 고심을 하고 있었다.

토성국의 김환상 지사는 지난 15일, 공화국의 자랑인 환상 고리를 내세워 고리를 가진 행성들과 면담을 갖고, 올림픽 유치 준비 상황과 전략에 대해 의견을 교환했다.

김환상 지사는 이날 천왕성과 해왕성의 지사들에게 3014년 올림픽을 공동 개최하는 것이 어떻겠냐고 의견을 제시했고, 관광지로 으뜸이며 올림픽 개최에도 손색이 없는 아름다운 고리를 가진 세 공화국이 힘을 합치자는 김환상 지사의 말에 모두가 찬성했다.

김환상 지사의 구체적 계획은 태양계의 보석이라 불리는 고리공화국들이 공동으로 드림 프로그램을 실천하여 아름다운 환경을 조성하고, 스포츠 발전을 위한 프로젝트를 꾸준히 실천하자는 것이었다.

특히 태양계 연합의 솔라론 위원장은 '3014년 동계 올림픽은 토성, 천왕성, 해왕성이 공동 개최하기로 결정함으로써 매우 이례적인 행사가 될 것이다. 몇 년 뒤를 기대하겠다' 고 밝혔다.

이에 행성계의 F4 중 목성공화국이 고리공화국의 드림 프로그램을 보고 기자회견에서 항의를 표하고 나섰다.

'고리는 목성공화국에도 있다' 라고 말하며 나선 목성공화국 대표 이성질 씨는, 행성국의 F4로 불리는 4개국 중 공동 개최국 이름에 자국만 빠진 것에 대해 강한 불쾌함을 표하며 세 공화국을 지구법정에 고소했다.

토성, 천왕성, 해왕성, 목성 등 네 개의 목성형 행성들은 모두 고리를 갖고 있습니다.

여기는 지구 법정

목성에도 고리가 있을까요?
지구법정에서 알아봅시다.

지구짱 판사

지치 변호사

어쓰 변호사

재판을 시작하겠습니다. 먼저 피고 측 변론하세요.

이번 올림픽 공동 유치는 고리를 가진 행성공화국들이 연합하여 이루어진 것입니다. 하지만 목성은 크기만 컸지 토성, 천왕성, 해왕성처럼 고리를 가지고 있지 않습니다. 그러므로 이번 공동 주최에서 빠지는 것은 당연하다고 생각합니다.

원고 측 변론하세요.

행성은 두 부류로 나눌 수 있습니다.

어떻게 나누지요?

지구형 행성과 목성형 행성이지요.

그 차이는 뭐죠?

지구형 행성은 크기가 작고 주로 고체로 이루어져 있는 행성을 말합니다. 그러니까 수성, 금성, 지구, 화성이 여기에 속하죠.

그럼 목성형 행성은요?

목성형 행성은 크기가 크고 주로 수소와 헬륨과 같은 가벼운 기체로 이루어져 있는 행성을 말합니다. 목성, 토성, 천왕성, 해왕성이 여기에 속하지요.

그런 차이가 있군요. 하지만 그것과 이번 사건이 무슨 관계가 있지요?

사람들은 행성의 고리를 말할 때 항상 토성을 떠올립니다.

그건 당연하지 않습니까? 토성의 고리가 가장 아름다우니까 그런 거 아닌가요?

맞습니다. 토성의 고리를 처음 망원경으로 관측한 사람은 갈릴레이입니다. 갈릴레이는 토성의 양 옆이 불룩 튀어나온 것을 보고 그것을 토성의 귀라고 불렀는데 그것이 바로 토성의 고리이지요. 토성의 고리는 수십만 개의 얼음 조각들로 이루어져 있습니다. 이들의 크기는 매우 다양하여 모래만큼 작은 것도 있고 집채만큼 큰 것도 있지요. 또한 토성의 고리는 한 개가 아니라 여러 개로 되어 있습니다. 고리와 고리 사이의 틈은 처음 그 틈을 발견한 카시니의 이름을 따서 카시니의 틈이라고 부르지요.

그럼 천왕성의 고리는요?

천왕성은 푸르스름한 빛을 띠고 있는 고리를 가지고 있지요. 하지만 토성의 고리와는 달리 천왕성의 고리는 검은색입니다.

왜 검은색이지요?

고리를 이루는 물질이 검은색을 띠는 흑연 조각이기 때문입니다.

해왕성의 고리는요?

해왕성도 토성처럼 화려하지는 않지만 고리를 가지고 있습니다. 뿐만 아니라 목성도 희미해서 잘 보이지는 않지만 고리를 가지고 있습니다. 즉 목성형 행성은 모두 고리를 가지고 있습니다. 이것이 목성형 행성의 특징이지요. 그러므로 목성 공화국도 고리를 가진 다른 행성 공화국과 함께 고리 행성의 대접을 받아야 한다는 것이 본 변호사의 생각입니다.

판결합니다. 이번 올림픽 공동 유치는 고리라는 공통점을 가진 행성 공화국들 사이의 약속이므로 비록 희미한 고리이긴 하지만 고리를 가지고 있는 목성공화국도 공동 유치국에 포함시킬 것을 판결합니다.

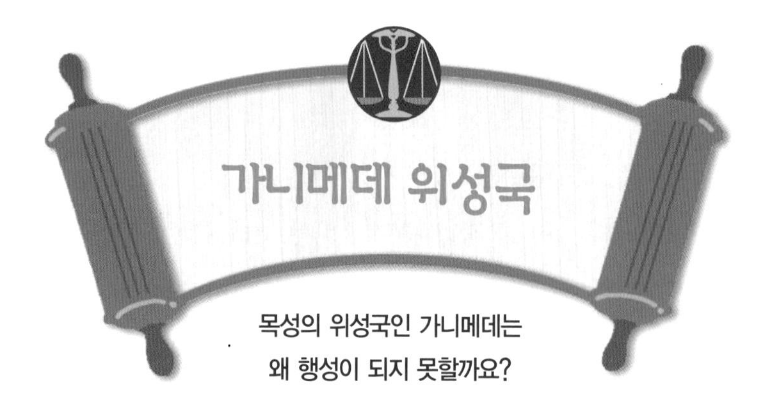

사건 속으로

3001년 1월 14일에 목성의 위성국인 가니메데 사람들이 머리에 띠를 두르고 태양계 연합에 항의하는 모습이 생중계되었다.

"여기는 목성의 위성국인 가니메데입니다. 모든 위성 중에 가장 큰 위성인 이곳에서 사람들이 항의하는 모습이 곳곳마다 끊이지 않고 있습니다."

기자들이 몰려오고 사람들마다 왜 그러는지 궁금해하기 시작했다.

가니메데의 대표인 참엉뚱 씨가 카메라 앞에 서서 가니메데의 이야기를 하며 눈물을 흘렸다.

"우리는 위성 중에서 가장 규모가 큽니다. 수성보다도 크지요. 그런데 왜 행성공화국이 아니란 말입니까?"

"그것 때문에 이렇게 모두들 띠를 두르고 소리치는 것입니까?"

"그뿐 아닙니다. 우리 위성국에서 교육받은 아이는 목성이나 지구 같은 공화국에 가는 것이 어렵습니다. 우리도 공화국이 되어야 아이들 공부도 마음 놓고 시킬 것 아닙니까?"

"맞습니다. 영화를 한번 보려 해도 목성공화국까지 나가서 봐야 하고, 놀이 공원도 없고. 문화 시설이라고는 텅 빈 공터뿐입니다. 이렇게 큰 천체를 행성공화국으로 승격시켜 주지 않는 이유가 뭡니까?"

가니메데 위성국 사람들의 함성은 끊임이 없고 태양계 연합에서는 아무 답이 없어 일이 더욱 커지고 있었다.

결국 가니메데 위성국은 자신들을 행성공화국으로 승격시켜 주지 않는 태양계 연합을 지구법정에 고소했다.

태양이 아닌 목성의 둘레를 돌고 있는 가니메데는 행성이 될 수 없답니다.

여기는 지구법정 목성의 위성 가니메데는 위성일까요? 행성일까요? 지구법정에서 알아봅시다.

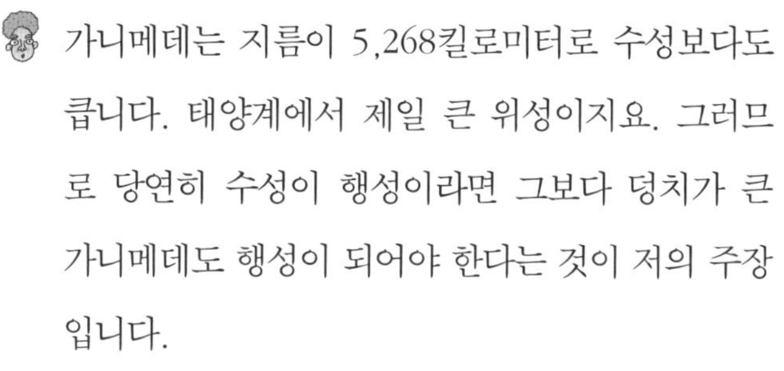

재판을 시작합니다. 원고 측 변론하세요.

가니메데는 지름이 5,268킬로미터로 수성보다도 큽니다. 태양계에서 제일 큰 위성이지요. 그러므로 당연히 수성이 행성이라면 그보다 덩치가 큰 가니메데도 행성이 되어야 한다는 것이 저의 주장입니다.

피고 측 변론하세요.

천체 분류소의 이천기 소장을 증인으로 요청합니다.

붉은 나비넥타이를 매고 중절모를 쓴 40대 남자가 증인석에 앉았다.

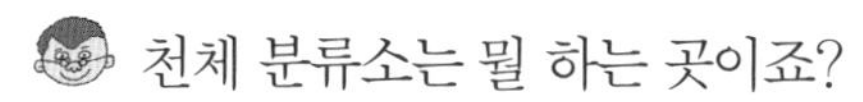

천체 분류소는 뭘 하는 곳이죠?

우주에 있는 천체들을 항성, 행성, 위성, 소행성 등으로 분류하는 일을 하고 있습니다.

어떤 식으로 분류하죠? 원고 측 주장처럼 크기에 따라 분류하는 건가요?

크기라뇨? 크기는 하나도 중요하지 않습니다.

그럼 분류하는 기준이 뭔가요?

우선 항성은 별이라고도 하지요. 스스로 빛과 열을 내는 천체를 말합니다. 우리 태양계 연합에는 태양만이 항성입니다.

그럼 행성과 위성의 차이는 뭐죠?

행성은 항성(별)의 주위를 도는 천체를 말하고, 위성은 행성의 주위를 도는 천체를 말합니다.

그럼 결론적으로 가니메데는 행성이 될 자격이 있습니까?

없습니다.

왜죠?

가니메데는 스스로 태양의 주위를 도는 것이 아니기 때문입니다.

스스로 돌지 않는다는 건 무슨 뜻이죠?

가니메데는 목성의 주위를 돌고 있습니다. 그리고 목성은 다시 태양의 주위를 돌고 있지요.

그렇다면 가니메데는 위성, 목성은 행성이 맞군요. 존경하는 재판장님. 증인의 말처럼 위성이냐 행성이냐는 크기나 모양으로 결정하는 것이 아니라 스스로 태양의 주위를 도느냐 그렇지 않느냐와 관계가 있습니다. 그러므로 가니메데는 목성의 둘레를 돌고 있는 위성에 불과하다고 주장합니다.

내 생각에도 그런 것 같습니다. 판결하지요. 비록 수성이 가니메데에 비해 작다고는 하나 수성은 스스로 태양의 둘레를 돌기 때문에 행성국이 되고, 가니메데는 행성인 목성의 주위를 돌기 때문에 목성의 위성인 것으로 인정하겠습니다.

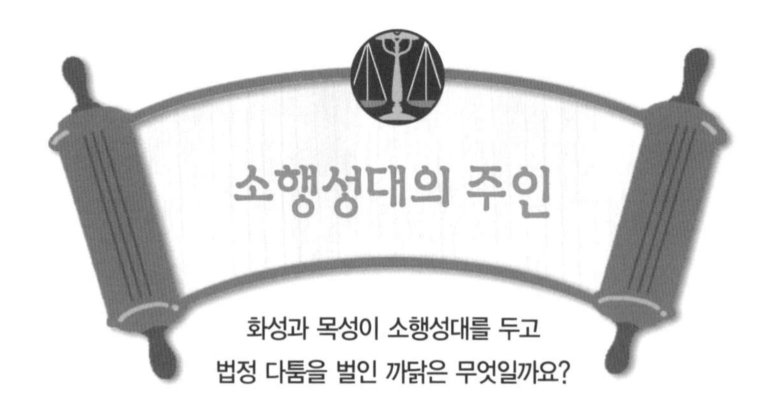

사건 속으로

화성과 목성 사이에는 크고 작은 수많은 소행성들이 모여 있는데 이곳은 소행성대라고 불렸다.

소행성 중에서 가장 큰 세레스는 크기가 900킬로미터 정도 되지만 그 외의 소행성들은 아주 작은 바위 조각들이었다.

하지만 이곳 소행성대는 수많은 소행성들로 장관을 이루었기 때문에 많은 관광객들이 몰리게 되었다. 물론 소행성대에 사람은 살지 않았다.

그런데 관광 수익이 짭짤해지자 소행성대를 두고 소유권 분쟁이 일어났다. 즉 소행성대에서 가까운 화성공화국과 목성공화국이 소행성대가 자신들의 소유임을 주장한 것이었다.

결국 두 공화국은 한 치의 양보도 없이 맞섰으며 이로 인해 태양계 연합의 고민은 날로 늘어갔다.

결국 태양계 연합은 이 문제를 지구법정에 넘겼고 이로써 소행성대의 주인을 놓고 목성공화국과 화성공화국 사이에 재판이 시작되었다.

목성의 중력 때문에 행성이 되지 못하고 쪼개진 소행성들은
화성과 목성의 사이에 자리하고 있습니다.

여기는 지구법정

소행성대는 과연 목성공화국의 것일까요? 화성공화국의 것일까요? 지구법정에서 알아봅시다.

소행성대는 화성과 목성 사이에 있는 수천 개의 크고 작은 돌조각들을 말합니다. 분명 이들은 화성에 더 가까이 위치하고 있습니다. 그러므로 소행성대의 소유권은 가장 가까운 행성인 화성이 차지하는 것이 당연하다고 생각합니다.

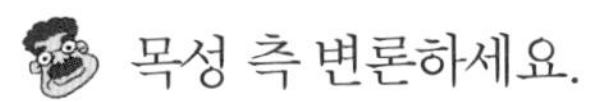

딥임팩트 연구소의 소조각 박사를 증인으로 요청합니다.

머리가 훤하게 벗겨진 40대 중반의 남자가 증인석에 앉았다.

딥임팩트 연구소는 무엇을 하는 곳이죠?

딥임팩트는 소행성이 지구와 같은 행성에 충돌하는 것을 말합니다. 특히 태양계 연합 인구의 90% 이상이 지구 과학공화국에 살고 있으므로 소행성이 지구로 떨어진다면 아주 무시무시한 일이 벌어질 것입니다.

어떤 일이 벌어지죠?

지구에 어떤 생명체도 살기 힘들 것입니다. 또한 아주 커다란 소행성이 떨어진다면 지구가 파괴될 수도 있지요.

좋습니다. 그럼 본론으로 들어가서 화성과 목성 사이에 있는 소행성들의 주인은 누구라고 생각합니까?

제 개인적인 의견으로는 목성이 주인이 되어야 한다고 생각합니다.

그건 왜죠?

소행성대를 목성이 만들었기 때문이지요.

그게 무슨 말이죠?

사실 소행성대에 있는 수천 개의 소행성들은 행성이 되려다가 부서지면서 생겨난 돌조각들입니다.

왜 부서진 거죠?

그건 바로 목성의 중력 때문입니다. 화성과 목성 사이에 성간 물질들이 뭉쳐 행성이 만들어지려 할 때 목성이라는 거대한 행성이 먼저 만들어지면서 큰 중력으로 성간 물질들을 잡아당기는 바람에 미처 행성이 되지 못하고 쪼개져 소행성들이 만들어진 것입니다.

그렇군요. 그렇다면 증인의 말처럼 소행성대의 주인은 행성을 잘게 부수어 수천 개의 조각으로 만든 목성이 되어야겠군요.

 판결하겠습니다. 목성의 중력 때문에 행성이 되지 못하고 소행성들의 모임이 된 것이 소행성대라는 사실을 알았습니다. 그렇다면 목성은 소행성대 전체의 적이라는 생각이 듭니다. 그러므로 자신들이 행성이 되려는 것을 방해한 적에게 그 소유권을 준다는 것은 현명하지 못하다는 생각이 듭니다. 따라서 이번 소행성대의 소유권은 근거리 원칙에 따라서 소행성대에서 가장 가까운 화성공화국에 있는 것으로 하겠습니다.

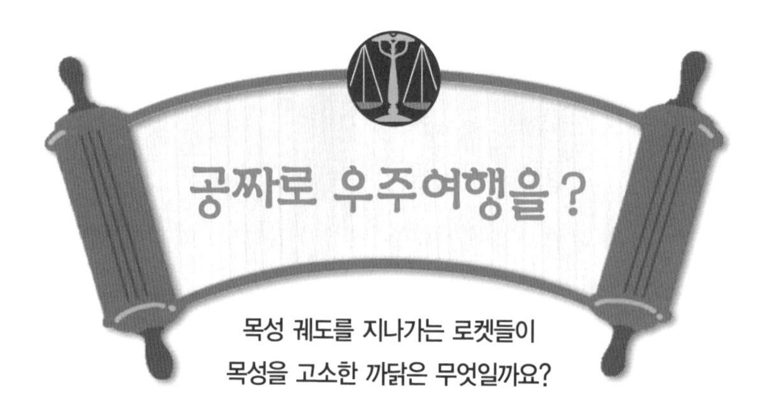

사건 속으로

목성은 태양계의 모든 행성들 중에서 가장 중력이 큰 행성이다. 일반적으로 중력이 크다는 것은 물체를 잡아당기는 힘이 강하다는 것이고, 그로 인해 물체들은 빠르게 목성으로 접근하게 되는 것이다.

목성 주위를 돌아가는 많은 로켓들은 바로 이 점을 이용하였다. 즉 목성 주위를 지나갈 때 엔진을 끄고 목성의 중력에 이끌려 목성으로 떨어지듯이 빠르게 접근하다가 적당한 궤도에서 다시 엔진을 작동하여 빠져나가는 방법이었다.

이로 인해 목성 주위에는 항상 수많은 로켓들이 몰려들었고 목성으로 들어가는 로켓들은 항상 다른 로켓들과의 충돌을 두려워해야 했다.

결국 목성공화국 우주 교통국에서는 목성의 중력을 이용하여 연료를 아끼는 많은 로켓들에게 목성 궤도를 지나가는 통행료를 징수하기로 했는데 이에 반발한 많은 로켓들은 목성 우주 교통국을 지구법정에 고소했다.

중력이 큰 목성 주변에서는 물체가 큰 가속도를 갖게 되어
순간적으로 속도가 빨라집니다.

여기는 지구법정

목성 주위에서 로켓들은 어떻게 에너지를 얻을 수 있을까요? 지구법정에서 알아봅시다.

재판을 시작합니다. 원고 측 변론하세요.

태양계에서는 목성이 태양 다음으로 중력이 큰 곳이라는 것은 누구나 알고 있는 사실입니다. 중력이 큰 곳으로 물체가 가까이 가면 물체는 큰 가속도를 가집니다. 즉 순간적으로 아주 빨라지게 되는 것이지요. 이 점을 이용하여 로켓이 자신의 연료를 줄이면서 목성 주위를 다닐 수 있다면 그것은 에너지 절약의 차원에서 아주 좋은 일입니다. 그러니까 목성 하나만 희생하면 다른 모든 천체들에게 이로운 일인 것이지요. 그러므로 쪼잔하게 굴지 말고 덩치에 맞게 대범한 마음으로 태양계 연합을 위해 봉사한다는 마음을 가졌으면 합니다.

오랜만에 변론다운 변론을 듣는 거 같군요.

저도 많이 달라졌습니다.

좋아요. 이번에는 피고 측 변론하세요.

원고 측 변호사의 말에도 일리가 있다는 점 인정합니다. 하지만 봉사도 어느 정도 아닙니까? 물론 목성의 중력으로 로켓들이 연료비를 줄일 수는 있지만 이런 식으로 목성 주위로 모든 로켓들이 돌아다닌다면 목성 공화국은 언제 로켓들과 충돌할지 모르는 불안감 속에서 살아야 합니다. 따라서 목성 우주 교통국이 원하는 대로 약간의 통행료를 받아 그것을 목성의 발전을 위해 쓰거나 목성 주위의 새로운 로켓 항로 개발에 사용하면 서로에게 발전적인 방법일 것 같습니다. 그러므로 저는 로켓들이 기본 통행료를 내야 한다고 생각합니다.

이번 사건은 조금은 골치 아픈 문제로군요. 하지만 잘 생각해 보면 간단하게 해결할 수 있는 문제입니다. 일단 이렇게 판결을 내리겠습니다. 목성 주위로 엔진을 끄고 지나다니는 로켓들에 대해 기본 통행료를 징수하되 그 비용은 로켓들이 절약한 연료 비용의 절반이 되도록 책정하겠습니다. 그러면 누이 좋고, 매부 좋은 거 아닌가요? 아무튼 나의 현명한 판단을 따라 주기 바랍니다.

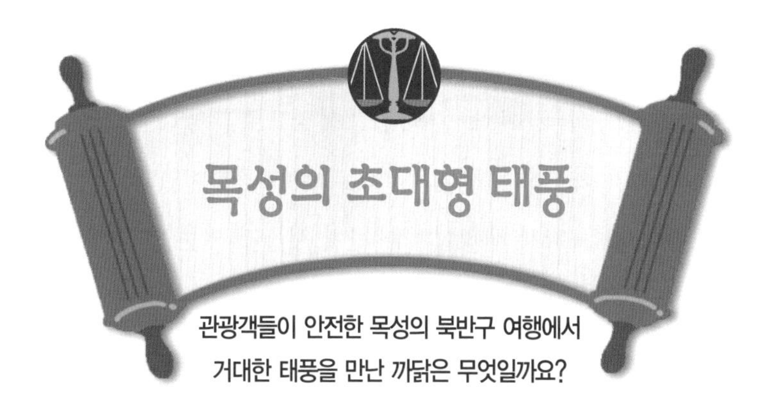

사건 속으로

목성은 여러 색깔의 구름으로 뒤덮인 아름다운 행성이다. 그래서인지 다른 공화국 사람들은 목성공화국의 아름다운 하늘과 구름을 직접 눈으로 보기 위해 그곳으로 관광을 가는 것을 좋아했다.

그러던 중 화성공화국에서 단체로 목성 관광을 떠나게 되었는데 그때 가이드를 맡은 사람은 목성에 한 번도 가본 적이 없는 초보 가이드 서툴러 씨였다.

서툴러 씨는 목성에 대해 많은 자료를 조사했고, 그 결과 남반구는 위험한 지역이므로 북반구 쪽으로 가는 것이 안전하다고 결론 내렸다.

드디어 화성공화국 사람들을 태우고 목성으로 떠났다. 그들이 도착한 곳은 목성의 적도에 위치한 주피테르 우주 공항이었다. 목성은 단단한 표면이 없는 기체 행성이기 때문에 서툴러 씨는 그곳에서 관광객을 조그만 로켓에 태우고 북반구 쪽으로 가기로 결정했다.

그는 목성의 북극을 찾기 위해 지구 과학공화국에서 구입한 고급 나침반을 사용했다. 그리고 나침반의 N극이 가리키는 방향으로 계속 로켓을 몰았다. 그런데 갑자기 거대한 태풍이 로켓을 덮쳐 왔다.

태풍에 휩싸인 로켓은 이리저리 흔들거렸고 승객들은 로켓 안에서 이리저리 굴러다니는 신세가 되었다. 비록 로켓이 튼튼해 다시 공항으로 돌아올 수는 있었지만 이 여행으로 부상을 입은 관광객들은 이 모든 것이 가이드인 서툴러 씨 때문이라며 그를 지구법정에 고소했다.

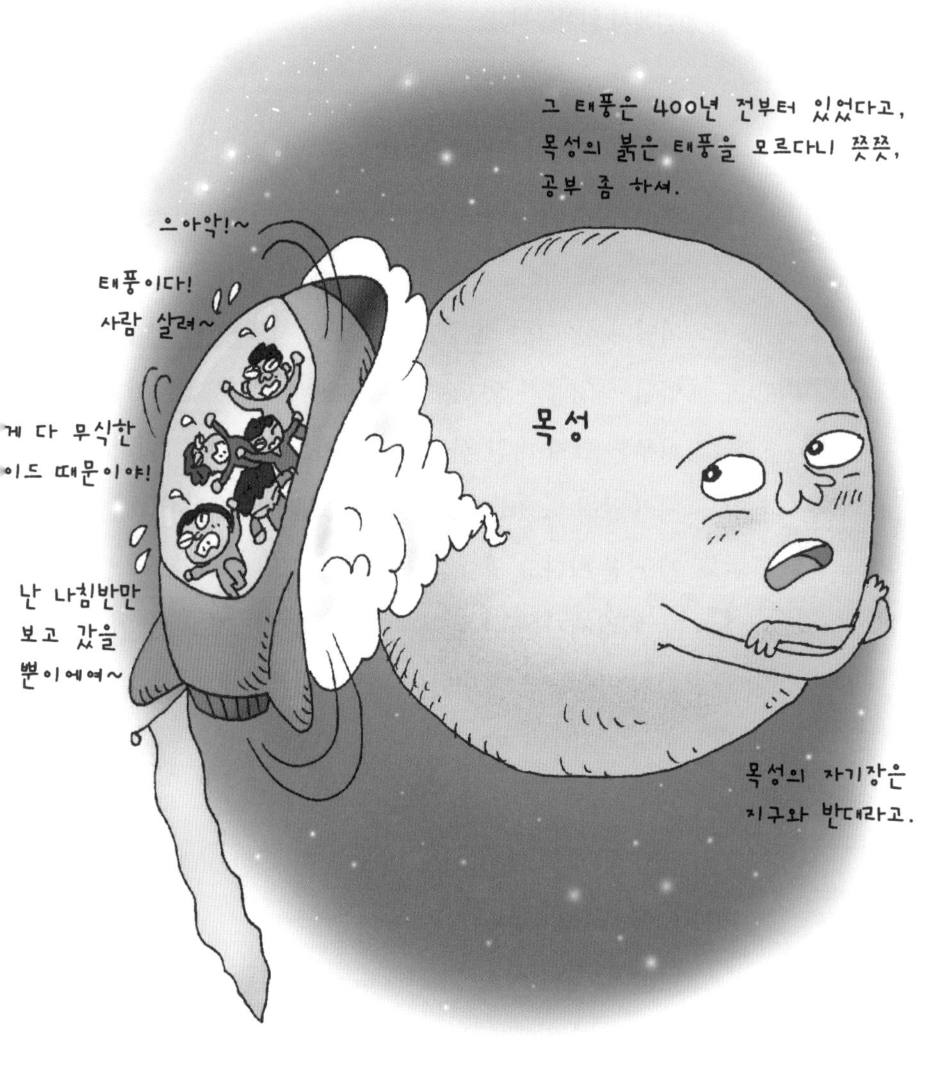

목성의 남반구에는 지구 두 개를 나란히 놓은 것보다 더 큰 대적점이라는 이름의 거대한 붉은 태풍이 있습니다.

여기는 지구 법정 목성의 태풍은 왜 사라지지 않을까요?
지구법정에서 알아봅시다.

 재판을 시작하겠습니다. 피고 측 변론하세요.

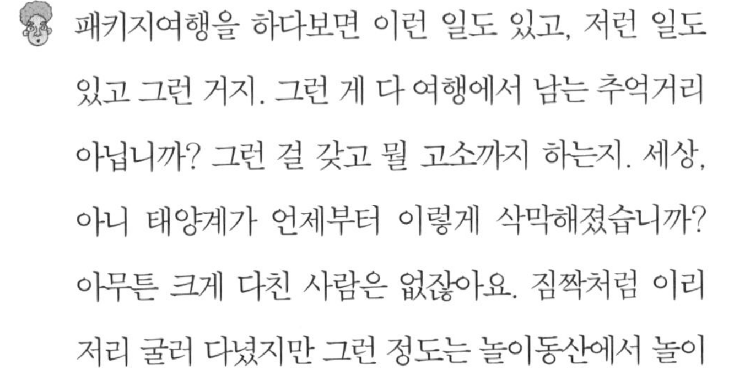

패키지여행을 하다보면 이런 일도 있고, 저런 일도 있고 그런 거지. 그런 게 다 여행에서 남는 추억거리 아닙니까? 그런 걸 갖고 뭘 고소까지 하는지. 세상, 아니 태양계가 언제부터 이렇게 삭막해졌습니까? 아무튼 크게 다친 사람은 없잖아요. 짐짝처럼 이리저리 굴러 다녔지만 그런 정도는 놀이동산에서 놀이기구 좀 탔다고 생각해 줄 수도 있는 일 아닌가요?

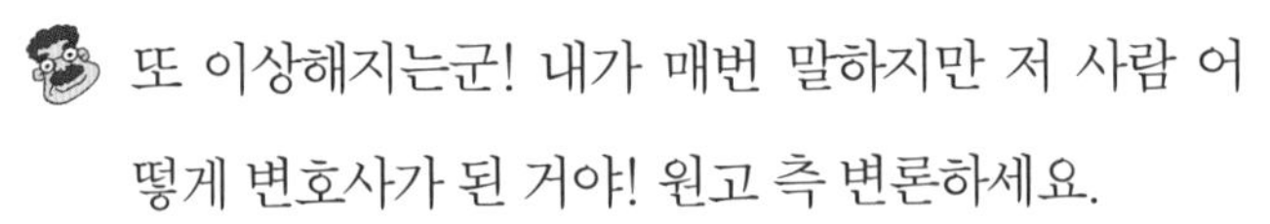

또 이상해지는군! 내가 매번 말하지만 저 사람 어떻게 변호사가 된 거야! 원고 측 변론하세요.

 가이드 서툴러 씨를 증인으로 요청합니다.

어벙한 걸음걸이와 뭔가에 잔뜩 놀란 듯한 표정의 사내가 증인석에 앉았다.

 증인은 이번에 목성에 처음 간 거죠?

 네…….

 그럼 목성에 대해서는 얼마나 알고 있나요?

목성은 지구보다 317배나 무거우며 다른 모든 행성들의 무게를 합친 것보다도 2배가 무겁지요. 그리고 목성은 수소와 헬륨 기체로 이루어져 있어 목성의 표면에는 단단한 곳이 없습니다. 또한 목성은 깊이 들어갈수록 기체 상태에서 액체 상태로 변하지만 그 경계가 어딘지는 알 수 없지요. 그러므로 목성은 표면을 따라 날아다니면서 여행을 해야 합니다.

그럼 목성의 자기장에 대해서는 아십니까?

그게 무슨 말이죠?

나침반을 목성에 가지고 가면 나침반의 N극은 목성의 남극을 가리키지요. 이것은 목성 속에 들어 있는 자석의 방향이 지구와 반대이기 때문입니다. 즉, 목성의 자기장 방향은 지구 자기장의 방향과 반대이지요.

정말 그런가요?

아니, 그런 것도 모르고 가이드를 한단 말입니까?

제가 받은 목성 자료에는 그런 게 없었어요.

좋아요. 그럼 여행사에서 목성 가이드 교육이 철저하지 못했다는 얘기군요. 또 하나, 이번 사건이 일어난 지점은 목성의 남반구에 대적점이라고 불리는 거대한 붉은 태풍이 있는 지점입니다. 이 태풍은 태양계 최대의 태풍으로 크기가 지구 두 개를 나란히 놓은 것보다 큽니다. 이것은 400년 전에 최초로 관측되었고 아직도 그대로 남아 있습니다. 이번 여행객들이 탄 로켓은 바로 이 태풍과의 충돌 때문에 심하게 흔들렸던 것입니다.

우와! 400년 동안이나 사라지지 않는 태풍이라니. 신기한데요!

정말 누가 목성 가이드인지 모르겠군!

그런데 왜 사라지지 않는 거죠?

태풍은 따뜻한 바다에서 생깁니다. 그리고 위로 올라오다가 단단한 육지와 부딪치면서 약해지고 결국은 사라지지요. 그런데 목성에는 단단한 육지가 없어서 한번 발생한 태풍은 여간해서는 사라지지 않습니다.

허허, 어쓰 변호사가 준비를 많이 해 왔군요. 아무튼 이번 사건은 목성에 대한 자료 부족에 의해 벌어진 일입니다. 조금만 더 목성에 대해 철저히 교육을 시켰다면 목성의 자기장이 지구와 반대이고 남반구에 거대한 태풍이 있다는 사실을 알았을 텐데 말입니다. 저는 이번 책임이 여행사와 가이드 모두에게 있다고 생각합니다. 그러므로 원고 측의 승소를 판결합니다.

재판 후 여행사와 가이드 서툴러 씨는 8:2의 비율로 관광객들의 정신적 피해에 대한 보상을 했다. 그리고 관광객들은 받은 돈의 일부를 서툴러 씨에게 태양계의 여러 행성에 대해 설명이 되어 있는 백과사전을 선물하는 데 사용했다.

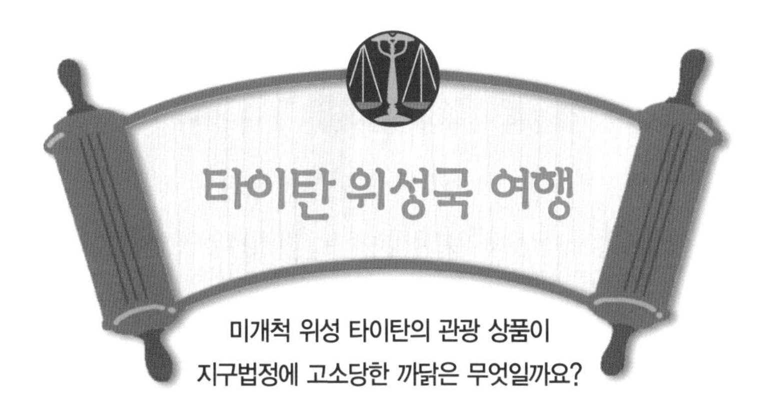

사건 속으로

토성공화국과 목성공화국은 위성이 많기로 소문난 공화국이다. 환상적인 고리를 가지고 있어 많은 관광객을 유혹하는 토성공화국의 수많은 위성국들 중에서도 가장 인기를 끄는 곳이 바로 타이탄 위성국이었다.

타이탄은 오렌지 빛으로 눈부시게 빛나는 아름다운 위성으로, 토성공화국에서는 5박 6일 동안 토성과 타이탄을 함께 여행할 수 있는 패키지 관광 상품을 개발했다.

이 관광 상품은 태양계 연합의 많은 사람들에게 인기

를 끌었고, 타이탄이라는 미개척 위성을 방문하려는 많은 사람들이 몰리게 되었다.

하지만 타이탄 위성은 사람이 살지 않는 곳이라 위성 표면의 모습이나 온도, 대기와 같은 것들에 대해 별로 알려져 있는 것이 없었다. 그러나 여행사들은 오렌지 빛 위성에 착륙하면 오렌지 빛의 하늘을 볼 수 있다고 생각하여 아래와 같은 표어를 걸어 많은 관광객들을 현혹했다.

'오렌지 빛 아름다운 하늘 아래서
즐거운 타이탄 여행을'

드디어 첫 방문단이 타이탄에 착륙했다. 그런데 타이탄에 도착한 순간, 오렌지 빛이라던 하늘은 칠흑같이 어두웠고 악취도 심했으며 바닥은 끈적끈적하기까지 했다.

모처럼의 여행을 망쳐 화가 난 관광객들은 여행사를 지구법정에 고소했다.

질소와 메탄으로 이루어진 대기를 갖고 있는 타이탄은
독성이 강한 악취를 내는 표면과 해로운 메탄의 비를 피할 수 없답니다.

여기는 지구 법정

타이탄은 어떤 모습의 위성일까요?
지구법정에서 알아봅시다.

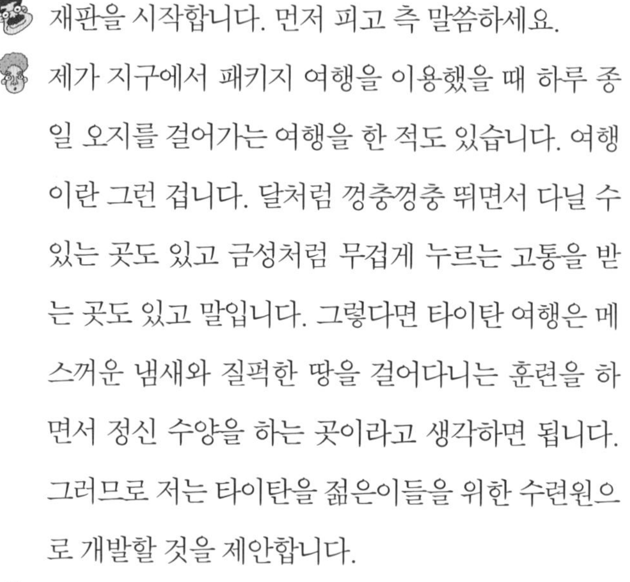

재판을 시작합니다. 먼저 피고 측 말씀하세요.

제가 지구에서 패키지 여행을 이용했을 때 하루 종일 오지를 걸어가는 여행을 한 적도 있습니다. 여행이란 그런 겁니다. 달처럼 껑충껑충 뛰면서 다닐 수 있는 곳도 있고 금성처럼 무겁게 누르는 고통을 받는 곳도 있고 말입니다. 그렇다면 타이탄 여행은 메스꺼운 냄새와 질퍽한 땅을 걸어다니는 훈련을 하면서 정신 수양을 하는 곳이라고 생각하면 됩니다. 그러므로 저는 타이탄을 젊은이들을 위한 수련원으로 개발할 것을 제안합니다.

생각해 봅시다. 그럼 원고 측…….

수련원이요? 말도 안 되는 소리군요. 타이탄은 사람이 생활할 수 있는 환경이 아닙니다.

어떤 이유 때문이지요?

타이탄은 토성의 위성 중 가장 크지요. 타이탄은 오렌지색으로 빛나는 아름다운 위성입니다. 그리고 타이탄은 태양계의 위성들 중에서 유일하게 대기를 가지고 있어요. 대기의 성분은 주로 질소와 메탄이지요.

대기가 있다면 좋은 거 아닌가요?

바로 그것이 타이탄의 어둠을 만듭니다.

그게 무슨 말이죠?

타이탄의 대기가 너무 두꺼워 태양빛이 안 보이기 때문이지요.

어허! 불편하겠군. 하지만 그건 방법이 있을 것 같은데? 아! 조명을 이용하면 되지 않습니까?

물론 그렇지요. 하지만 그 외에도 안 좋은 점이 많습니다.

구체적으로 어떤 것이죠?

타이탄의 표면은 독성이 강한 악취를 내는 끈적끈적한 것들로 뒤덮여 있고 사람에게 해로운 메탄의 비가 내립니다.

메탄은 방귀에 들어 있는 기체 아닌가요? 그런데 어떻게 비로 내리지요?

지구에서는 기체로 존재하지요. 하지만 타이탄은 온도가 낮기 때문에 메탄이 액체가 되어 비로 내리는 것이죠.

악취에, 끈적끈적한 비에, 어둠이라…… 정말 최악의 오지가 따로 없군!

그렇습니다.

그럼 판결하겠습니다. 지금까지의 재판 내용으로 보아 타이탄은 민간인 관광객이 지낼 만한 위성은 아니라고 생각합니다. 대신에 이곳에 태양계 최대 규모의 감옥을 만들 것을 정부 측에 건의하겠습니다. 이 감옥에는 태양계 연합 최고의 악질 범죄자들이 수감될 것입니다.

목성과 토성

소행성대

화성과 목성 사이에는 태양 주위를 돌고 있는 아주 작은 천체들이 모여 있는데 이곳을 소행성대라고 합니다.

가장 큰 소행성 세레스는 지름이 1000km이고 작은 것은 지름이 1cm보다도 작습니다.

소행성대는 약 3,000여 개의 소행성들로 이루어져 있습니다. 큰 소행성들은 동그란 모양이고 작은 소행성들의 모양은 가지각색입니다. 에로스라는 소행성은 길이가 37km이며 소시지 모양으로 생겼습니다.

소행성대는 원래 하나의 행성을 이루려고 하다가 목성의 강한 중력 때문에 갈기갈기 찢어서 여러 개의 작은 천체들이 된 것으로 생각됩니다.

목성의 크기

목성은 태양계에서 가장 큰 행성이죠. 목성의 반지름은 지구 반지름의 약 11배 정도이고 질량은 지구의 317배 정도입니다. 또한 목성은 자신을 제외한 다른 모든 행성들의 질량을

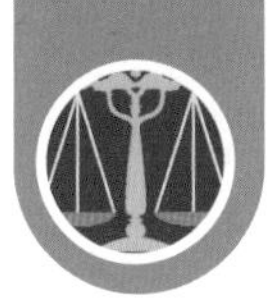

합친 것보다도 2배나 무겁습니다. 수소와 헬륨 기체로 이루어진 목성은 중력이 아주 강한 행성입니다.

목성 속에는 지구와 반대로 북쪽이 N극이고
남쪽이 S극인 자석이 들어 있습니다.

목성에서는 나침판이 왜 지구와 반대 방향을 가리키죠?

지구에서 나침판의 N극이 북극을 가리키는 것은 지구 속에 북쪽이 S극이고 남쪽이 N극인 거대한 자석이 들어 있기 때문입니다. 하지만 목성 속에는 지구와 반대로 북쪽이 N극이고 남쪽이 S극인 자석이 들어 있습니다. 그래서 나침판이 반대 방향을 가리키는 거죠.

목성의 줄무늬

목성을 망원경으로 관측하면 평행한 줄무늬가 보입니다. 목성은 지구보다 11배나 반지름이 크면서도 자전에 걸리는 시간은 지구의 절반 정도로 빠르게 자전합니다.

목성에서는 적도 부근에서는 서풍이 불고 위도가 올라갈수록 동풍과 서풍이 교대로 나타납니다. 그것이 줄무늬로 나타나는 거죠.

목성의 줄무늬가 여러 가지 색깔을 띠는 것은 목성의 대기가 여러 가지 원소로 이루어져 있기 때문입니다. 목성 대기의 주성분은 수소와 헬륨이지만 그 외에도 메탄, 암모니아, 유황

가스 등이 있기 때문에 목성은 여러 색의 구름을 가집니다.

대적점

목성의 붉은 태풍을 대적점이라고 부릅니다. 목성의 대적점은 400년 동안이나 사라지지 않고 관측이 됩니다. 그럼 목성에서는 태풍이 왜 이렇게 오랫동안 사라지지 않을까요? 그것은 목성의 표면이 기체로 되어 있어 태풍을 약하게 하는 단단한 곳이 없기 때문입니다.

목성의 내부 구조

목성은 90%의 수소와 10%의 헬륨으로 이루어진 기체 행성입니다. 그러니까 태양과 성분이 비슷한 행성이죠.

그럼 목성은 왜 태양과 같은 별이 되지 못했을까요? 그것은 수소 기체가 좀 적게 모여서 그런 거죠. 목성이 지금보다 10배만 무거웠다면 목성도 태양처럼 별이 되었을 것입니다. 그럼 지구는 두 개의 별을 가진 행성이 되는 거죠.

목성의 속으로 들어가면 기체 상태인 표면을 지나 안쪽에는

액체 상태의 수소가 있고 그 안에는 중심핵이 있습니다. 중심핵은 단단한 고체로 되어 있는데 그 크기는 지구 정도의 크기입니다. 그러니까 목성에서 단단한 곳을 찾으려면 엄청나게 먼 거리를 여행해야겠죠.

목성의 달

목성의 16개 달 중 유명한 4개의 달에 대해 알아봅시다.

이오 : 지름이 3,462km이고, 화산 활동이 활발합니다.

유로파 : 지름이 3,130km로 어두운 줄무늬가 있습니다.

가니메데 : 지름이 5,268km로 수성보다 크고 얼음으로 뒤덮여 있습니다.

칼리스토 : 지름이 4,806km이고 얼음으로 덮여 있습니다.

토성의 고리

토성하면 떠오르는 것은 토성의 아름다운 고리입니다. 토성의 고리는 꼭 밀짚모자의 테두리 같죠. 토성의 고리는 1610년 이탈리아의 물리학자 갈릴레이가 자신이 손수 만든 망원경으

로 처음 관찰했습니다. 갈릴레이는 토성의 고리를 토성의 귀라고 불렀습니다.

1675년에는 밝은 고리들 사이에 틈이 있다는 것을 관측했습니다. 그래서 고리와 고리 사이를 카시니의 이름을 딴 카시니 틈이라고 부릅니다.

토성의 밝은 고리는 3중으로 되어 있는데 바깥쪽으로부터 A고리, B고리, C고리라고 부릅니다. 이중 B고리가 가장 밝고 C고리가 가장 어둡습니다. A고리와 B고리 사이의 틈이 바로 카시니가 관측한 카시니 틈이죠. 현재는 좀 더 정확한 관측을 통해 D고리, E고리, F고리, G고리 등도 관측이 되고 있습니다.

토성의 고리가 안 보일 때가 있어요

토성도 자전축이 26.7도 정도 기울어져 태양 주위를 돌고 있습니다. 따라서 고리가 지구에서 일직선으로 보이는 경우가 있는데 그런 경우는 고리의 두께가 너무 얇아 고리가 잘 보이지 않습니다. 이런 일은 15년 정도에 한 번 나타나는 현상이죠.

주로 기체로 이루어진 토성은 태양계의 행성 중
유일하게 밀도가 물보다 작은 행성입니다.

토성은 물에 뜬다고 하는데 진짜 그런가요?

사실입니다. 만일 토성을 담을 수 있는 어마어마하게 큰 대야를 준비하고 그곳에 물을 받아 토성을 넣으면 토성은 물에 둥둥 떠 있게 됩니다.

물에 뜰 수 있다는 것은 물보다 밀도가 작다는 것을 말합니

다. 그러니까 주로 기체로 이루어진 토성은 태양계의 행성 중 유일하게 물보다 밀도가 작은 행성입니다.

토성의 구조

토성은 목성 다음으로 큰 행성입니다. 토성은 목성과 비슷한 점이 많습니다. 우선 토성도 목성처럼 수소와 헬륨 기체로 이루어져 있고 구름으로 둘러싸여 있는 대기가 있습니다. 또 기체 상태의 표면 속으로 들어가면 액체 상태의 수소가 나타나고 중심부에는 작은 암석이나 얼음이 있습니다.

토성에서도 30년마다 대백점이라는 거대한 흰 폭풍이 만들어집니다. 대백점의 크기는 지구의 2배 정도입니다.

토성의 달

토성은 가장 많은 달을 거느리고 있는 행성입니다. 그럼 토성의 달 중 중요한 몇 개에 대해 알아볼까요?

미마스 : 커다란 분화구가 있습니다.

이아페투스 : 한쪽은 하얗고 반대쪽은 검습니다.

포에베 : 토성에서 가장 멀리 떨어져 있고 다른 달들과 반대 방향으로 토성의 주위를 돕니다.

타이탄 : 태양계에서 가장 큰 달인 목성의 가니메데에 이어 두 번째로 큰 달입니다. 타이탄은 유일하게 대기를 가지고 있는 달입니다. 그래서 혹시 생명체가 있을 것이라고 생각되는 곳이기도 합니다.

디오네 : 거미줄 같은 무늬가 있습니다.

하이페리온 : 지름이 112km로 넓은 우주의 한 점, 외딴 섬 같은 모습입니다.

엔켈라두스 : 밝고 평평한 분지가 있습니다.

제6장

천왕성과 해왕성에 관한 사건

해왕성_해왕성표 다이아몬드

천왕성의 흑연이 해왕성에서 다이아몬드로 변하는 까닭은 무엇일까요?

해왕성의 위성_얼음 화산도 화산인가요?

트리톤의 얼음 화산이 사기죄로 고소당한 까닭은 무엇일까요?

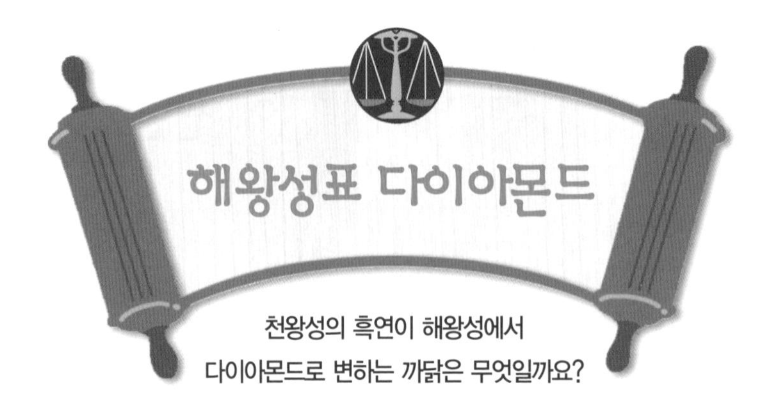

천왕성의 흑연이 해왕성에서
다이아몬드로 변하는 까닭은 무엇일까요?

사건 속으로

천왕성에서 가장 큰 흑연 공장을 운영하는 이까만 씨는 열심히 일해서 번 돈을 불우한 이웃을 돕는 일에 남몰래 쓰고 있었다. 그러다 어느 날 취재를 나온 방송국에 선행이 알려져 해왕성으로 가는 여행권을 선물로 받게 되었다.

이까만 씨는 여자 친구 김하얀 씨와 함께 여행을 떠나기 위해 짐을 챙기다가 흑연을 해왕성에 알려 돈을 더 많이 벌어 더 좋은 일에 써야겠다는 생각에 흑연 샘플 5통을 챙겼다.

일주일간 해왕성에서 좋은 시간을 보낸 이까만 씨는 집으로 돌아가려 짐을 챙기다 가져온 흑연이 생각나 꺼내어 보았다. 그런데 흑연이 다이아몬드로 변해 있는 것이 아닌가!

"신이 당신의 착한 마음을 알고 다이아몬드를 선물했나 봐요."

김하얀 씨는 이까만 씨의 손을 꼭 잡으며 말했다. 그리고 다음 여행 때는 흑연 50통을 챙겨 오자고 말했다.

그때 이까만 씨의 머리를 스쳐 가는 생각이 있었으니. 천왕성으로 돌아와 흑연을 박스에 담고 해왕성으로 다시 돌아간 이까만 씨는 해왕성에서는 흑연이 다이아몬드가 된다는 사실을 이용하여 백만장자가 되었다.

사람들과 언론에서는 이까만 씨의 착한 마음이 그런 기적을 만들었다면서 좋은 일에 쓸 것을 기대하고 있었다. 그런데 이까만 씨의 공장으로 한 통의 고소장이 날아왔다. 해왕성에서 자신의 공화국을 이용하여 돈을 벌었으면 이용료를 내야하는데 내지 않았으므로 이까만 씨를 고소한다는 내용이었다.

결국 이까만 씨의 사건은 지구법정에서 다루어지게 되었다.

압력이 매우 높은 행성인 해왕성에서는 흑연이 다이아몬드로 변하게 된답니다.

여기는 지구법정

정말 해왕성이 흑연을 다이아몬드로 변하게 한 것일까요? 지구법정에서 알아봅시다.

지구짱 판사

지치 변호사

어쓰 변호사

재판을 시작하겠습니다. 피고 측 변론하세요.

흑연이나 다이아몬드나 똑같이 탄소로 이루어진 물질입니다. 이까만 씨가 흑연이 해왕성에서 다이아몬드로 변한다는 것을 알아낸 건 이까만 씨의 발견이므로 그것에 대한 이득을 이까만 씨가 취하는 것은 당연한 이치입니다. 그러므로 저는 피고 측의 무죄를 주장하는 바입니다.

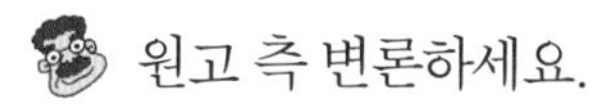

원고 측 변론하세요.

압력 연구소의 고압력 박사를 증인으로 요청합니다.

머리에 무스를 발라 길게 날을 세운 요상한 머리를 한 30대의 남자가 증인석에 앉았다.

압력 연구소에서는 무슨 일을 하고 있습니까?

압력에 따라 물질이 변하는 것을 연구하고 있습니다.

그럼 흑연이 해왕성 공화국에서 다이아몬드로 변하는 것도 압력과 관련이 있습니까?

그렇습니다. 흑연을 이루던 탄소 알갱이들이 높은

압력을 받으면 아름다운 다이아몬드로 변하지요.

그게 해왕성과 무슨 관계가 있지요?

해왕성은 압력이 아주 높은 행성입니다. 그러므로 흑연이 해왕성에서는 높은 압력 때문에 다이아몬드로 변하는 것이지요. 이것은 인조 다이아몬드를 만드는 과정과 비슷한 과정입니다.

그렇군요. 그렇다면 이번 사건은 해왕성이 가지고 있는 높은 압력이라는 조건을 이용하여 개인이 돈을 번 사건이므로 이까만 씨가 해왕성 공화국에 높은 압력의 사용료를 지불하는 것이 당연하겠군요. 그렇지요, 판사님?

너무 다정하게 부르는군! 아무튼 좋아요. 나는 원고 측 변호사의 의견에 더 정이 가는 군요. 그러므로 이까만 씨는 번 돈의 일부를 해왕성공화국의 발전을 위해 사용해야 할 것입니다.

재판 후 이까만 씨는 자신이 번 돈의 30퍼센트를 해왕성 발전 기금으로 내놓았다. 해왕성공화국은 이 돈으로 다이아몬드 공장을 건설하여 해왕성표 다이아몬드를 수출하기 시작했다.

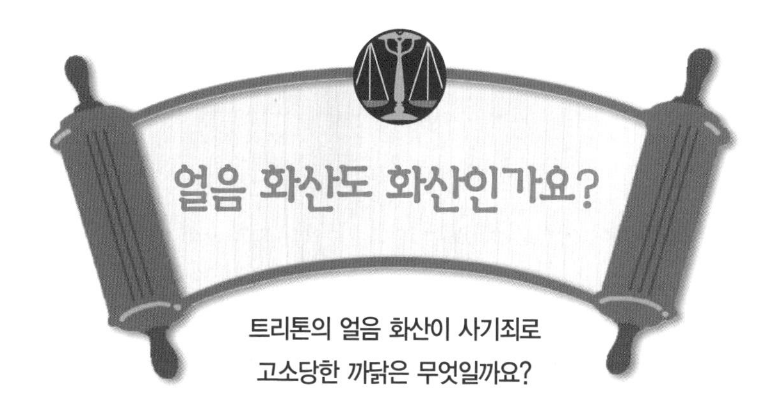

사건 속으로

태양계 연합에는 자신의 행성에 없는 것을 보기 위해 많은 행성공화국들을 여행하는 사람들이 점차 늘었고, 이로 인해 솔라론 여행사라는 거대 여행 기업이 만들어졌다.

솔라론 여행사에서는 더 많은 관광객들을 끌어들이기 위해 새로운 관광 아이템을 개발했고, 드디어 획기적인 아이템을 태양계 연합 뉴스의 광고 시간에 방송하기에 이르렀다. 그 광고 내용은 다음과 같았다.

불덩어리 화산은 이제 그만!!

차가운 얼음 화산과 함께 피서를!!

이 광고는 곧 선풍적인 인기를 끌었고 많은 사람들이 너 나 할 것 없이 몰려 줄줄이 기다려야 하는 사태가 벌어졌다.

한편 그동안 불덩어리 화산 관광으로 짭짤한 수입을 올리던 지구과학공화국의 많은 화산 지역 호텔들은 손님들이 얼음 화산으로 몰리자 솔라론 여행사가 실제로 존재하지도 않는 얼음 화산을 있는 것처럼 사기를 치고 있다며 솔라론 여행사를 지구법정에 고소했다.

트리톤의 기온은 너무 낮아서 분출된 질소가
바로 얼어 버려 얼음 화산이 된답니다.

여기는 지구 법정

얼음 화산은 과연 존재할까요?
지구법정에서 알아봅시다.

재판을 시작하겠습니다. 원고 측 변론하세요.

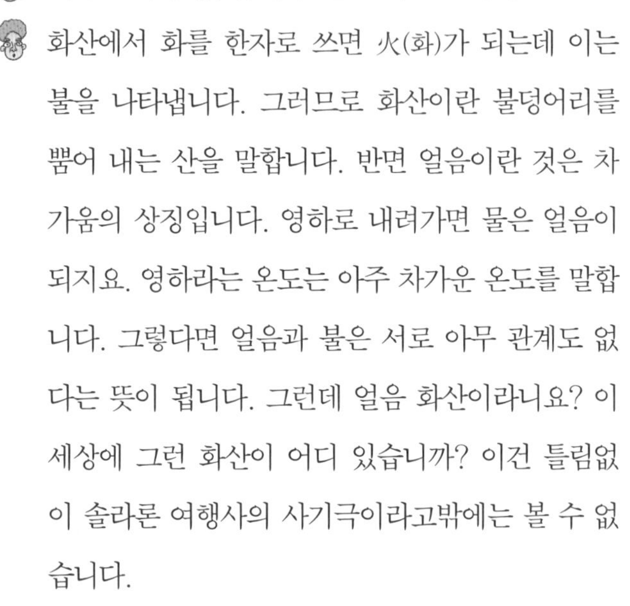

화산에서 화를 한자로 쓰면 火(화)가 되는데 이는 불을 나타냅니다. 그러므로 화산이란 불덩어리를 뿜어 내는 산을 말합니다. 반면 얼음이란 것은 차가움의 상징입니다. 영하로 내려가면 물은 얼음이 되지요. 영하라는 온도는 아주 차가운 온도를 말합니다. 그렇다면 얼음과 불은 서로 아무 관계도 없다는 뜻이 됩니다. 그런데 얼음 화산이라니요? 이 세상에 그런 화산이 어디 있습니까? 이건 틀림없이 솔라론 여행사의 사기극이라고밖에는 볼 수 없습니다.

일반 상식에서 생각하면 원고 측의 말도 일리가 있군요. 피고 측 변론하세요.

솔라론 여행사의 가이드인 가트리 씨를 증인으로 요청합니다.

머리를 노랗게 물들인 30대 중반의 잘생긴 젊은이가 증인석에 앉았다.

증인은 솔라론 여행사에서 몇 년 근무했지요?

10년 근무했습니다.

그럼 안 가 본 행성공화국이나 위성공화국이 없겠군요.

그렇습니다.

그런데 정말 얼음 화산이라는 게 있나요? 보통 화산이라고 하면 마그마가 분출하여 흘러나오는 불덩어리 화산을 말하지 않나요?

물론 그것도 화산이지만 얼음 화산은 분명히 있습니다.

어디에 있지요?

해왕성공화국의 위성국인 트리톤에 있습니다.

트리톤이라면 우리 태양계 연합에서 제일 추운 곳이지 않습니까?

바로 그것 때문에 트리톤에 얼음 화산이 생깁니다.

좀 더 자세히 설명해 주시죠.

트리톤에는 많은 화산 분화구들이 있습니다. 이들 화산은 지구의 화산들처럼 질소를 분출합니다. 어떤 화산은 질소를 높이 8킬로미터까지 분출하기도 합니다. 그런데 트리톤이 너무 차가워서 분출된 질소가 기체 상태로 존재하지 못하고 바로 얼어버리지요. 그래서 마치 얼음이 뿜어 나온 것 같은 모습을 하게 되는데 이것이 바로 얼음 화산인 것입니다.

존경하는 재판장님, 증인이 말한 것처럼 분명히 얼음 화산은 존재합니다. 그러므로 솔라론 여행사는 사기를 범한 적이 없습니다. 그러므로 솔라론 여행사의 무죄를 주장합니다.

판결을 내리겠습니다. 화산이란 지각 속에 있는 마그마가 지각의 약한 부분을 뚫고 나와 분출하는 것을 말합니다. 그러므로 이 조건만 갖춘다면 그 튀어나오는 것이 불덩어리냐 얼음이냐 하는 것은 중요하지 않다고 생각합니다. 그러므로 솔라론 여행사의 얼음 화산 홍보는 정당했다고 판결합니다.

이 재판은 오히려 트리톤의 얼음 화산에 대한 인기를 더 치솟게 했다. 그로 인해 많은 관광객들이 솔라론 여행사로 몰려들었고 솔라론 여행사는 태양계 최대 규모의 여행사로 발전했다.

천왕성과 해왕성

천왕성의 푸른빛

천왕성과 해왕성은 모두 고리를 가지고 있는 행성입니다. 두 행성은 모두 푸른색의 대기를 가지고 있는데 두 행성의 대기는 주로 메탄가스로 이루어져 있습니다.

메탄가스는 붉은 빛만을 흡수하므로 그 결과 푸른 빛만 살아남아 행성의 대기는 푸른색을 띠게 되는 것입니다.

천왕성의 달

천왕성의 달은 모두 15개인데 이중 유명한 몇 개의 달의 이름은 다음과 같습니다.

미란다 : 지름이 500km입니다.

타이타니아 : 표면에 많은 분화구가 있습니다.

옴브리엘 : 어두워서 잘 안 보이는 달입니다.

천왕성의 주위를 도는 달은 모두 15개입니다.

해왕성의 달

해왕성의 달은 모두 8개인데 이 중 유명한 몇 개의 달의 이름은 다음과 같습니다.

네레이드 : 반지름이 170km 정도인 작은 달이며 해왕성의 자전 방향으로 해왕성 주위를 돌고 있습니다. 네레이드는 해왕성에서 약 500만km 떨어져 있습니다.

트리톤 : 해왕성의 자전 방향과 반대 방향으로 돕니다. 얼음 화산으로 유명합니다. 태양계에서 가장 차가워 표면 온도가 영하 230도 정도입니다.

천왕성과 해왕성은 어떻게 발견되었나요?

1781년 허셸은 망원경으로 쌍둥이자리 부근을 관측하고 있었습니다. 그런데 갑자기 쌍둥이자리 부근에 처음 보는 별이 관측되었습니다. 허셸은 그 별의 움직임을 매일 관측했습니다. 그리고 그것이 별이 아니라 토성 밖에서 태양 주위를 도는 행성이라는 사실을 알아냈습니다.

천왕성이 발견되자 사람들은 또 다른 행성이 있을지도 모른다고 생각했습니다. 천왕성의 궤도를 관측하던 르베리에와 애덤스는 천왕성이 무언가 밖에서 당기는 힘 때문에 똑바로 가지 못한다는 사실을 알아냈습니다. 그리고 1864년 갈레가 르베리에와 애덤스가 말한 위치에서 천왕성 밖의 행성인 해왕성을 발견했습니다.

핼리혜성은 76년마다 한 번씩 지구를 방문합니다.

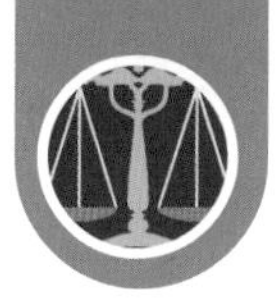

혜성

혜성은 주로 태양계 바깥에 있는 얼음 덩어리들이 태양을 향해 날아와 태양열 때문에 불꽃을 내는 천체를 말합니다. 혜성 중에서 가장 유명한 것은 76년마다 방문하는 핼리혜성입니다. 혜성의 핵 크기는 길이가 15km 정도이고 폭이 7~10km인 감자 모양을 하고 있습니다.

지구과학과 친해지세요

이 책을 쓰면서 조금 고민이 되었습니다. 과연 누구를 위해 이 책을 쓸 것인지 난감했거든요. 처음에는 대학생과 성인을 대상으로 쓰려고 했습니다. 그러다 생각을 바꾸었습니다. 지구과학과 관련된 생활 속의 사건이 초등학생과 중학생에게도 흥미 있을 거라는 생각에서였지요.

초등학생과 중학생은 앞으로 우리나라가 21세기 선진국으로 발전하기 위해 필요로 하는 과학 꿈나무들입니다. 우리가 살고 있는 지구는 기후 온난화 문제, 소행성 문제, 오존층 문제 등 많은 문제를 지니고 있습니다. 하지만 지금의 지구과학 교육은 논리보다는 단순히 기계적으로 공식을 외워 문제를 푸는 것에 의존하고 있습니다. 과연 우리나라에서 베게너 같은 위대한 지구과학자가 나올 수 있을까 하는 의문이 들 정도로 심각한 상황에 놓여 있습니다.

저는 부족하지만 생활 속의 지구과학을 학생 여러분들의 눈높이에 맞추고 싶었습니다. 지구과학은 먼 곳에 있는 것이 아니라 우리 주변에 있다는 것을 알리고 싶었습니다. 지구과학 공부는 우리 주변의 관찰에서 시작됩니다. 올바른 관찰은 우리가 지구의 문제를 정확하게 해결할 수 있도록 도와줄 수 있기 때문입니다.